凯拉·桑德斯狗狗训养系列

10-Minute Dog Training Games

狗狗游戏，一本就够了

狗狗的 **86** 堂快乐游戏课

（美）凯拉·桑德斯 著

谭瑛 译

化学工业出版社
·北京·

10-Minute Dog Training Games, 1st edition by Kyra Sundance

ISBN 978-1-59253-730-3

Copyright ©2011 by Quarry Books

Text © 2011 by Kyra Sundance

Published by agreement with Quarry Books,an imprint of the Quarto Group through CA-LINK International LLC.
All rights reserved.

本书中文简体字版由 The Quarto Group 授权化学工业出版社独家出版发行。

本书中文简体版权通过凯琳国际文化版权代理引进。

本版本仅限在中国内地（不包括中国台湾地区和香港、澳门特别行政区）销售，不得销往中国以外的其他地区。

未经许可，不得以任何方式复制或抄袭本书的任何部分，违者必究。

北京市版权局著作权合同登记号：01-2019-3489

图书在版编目（CIP）数据

狗狗游戏，一本就够了 /（美）凯拉·桑德斯著；谭瑾译.
—北京：化学工业出版社，2019.10
（凯拉·桑德斯狗狗训养系列）
书名原文：10-Minute Dog Training Games
ISBN 978-7-122-35047-3

Ⅰ．①狗⋯　Ⅱ．①凯⋯　②谭⋯　Ⅲ．①犬－驯养
Ⅳ．① S829.2

中国版本图书馆 CIP 数据核字（2019）第 167105 号

责任编辑：王冬军　张丽丽　葛若男　　　　封面设计：红杉林文化
责任校对：张雨彤

出版发行：化学工业出版社（北京市东城区青年湖南街 13 号　邮政编码 100011）
印　　装：北京利丰雅高长城印刷有限公司
787mm×1092mm　1/16　印张 11　字数 256 千字
2019 年 11 月北京第 1 版第 1 次印刷

购书咨询：010-64518888　　　　售后服务：010-64518899
网　　址：http://www.cip.com.cn
凡购买本书，如有缺损质量问题，本社销售中心负责调换。

定　　价：59.80 元　　　　　　　　　　　　　版权所有　违者必究

你有自己的朋友、事业、娱乐，
而你的狗狗只有你。
你就是它的生命、它的挚爱、它的一切。

*Do More
With Your Dog!*

你的生活充实而忙碌。你有自己的朋友、事业、使命、爱好和娱乐。

而你的狗狗只有你。你就是它的生命、它的挚爱、它的一切。那么，请用爱来回报狗狗，专门腾出时间来陪伴它吧，这样可以帮助它成长，并且全心全意地爱护它。

或许你真的很忙，想充分利用和狗狗在一起的每时每刻。那么本书恰好旨在介绍一些由你和爱犬共同参与的训练小游戏，它们可以充分锻炼狗狗的脑力和体力。这些游戏简单易学，只要 10 分钟的时间，就能让狗狗有明显的进步。整个过程中，你与狗狗会以一种积极的方式进行合作，这将是一种十分美妙的亲密体验，狗狗也会很享受你对它的关注和骄傲。这些 10 分钟游戏将是它一天中最精彩的时光！

对狗狗来说，本书中这些游戏不仅是有趣的活动，更是学习上的挑战，能够帮助它们增强信心、培养专注力和协调性、增强体能以及提升服从指令的能力。毫不夸张地说，你会发现，通过 10 分钟的"浅水觅食"游戏（见 1 页），你的狗狗由胆小变得自信，敢在水里行动自如；而通过 10 分钟的"记忆游戏"（见 20 页），你的狗狗能够具备一定的专注力，不再那么自由散漫了。

在参与游戏的过程中，狗狗要挑战许多新的行为，这必然会刺激它的大脑，从而提高它的智力和认知能力。这些游戏不仅适合幼犬，还适合那些尚不成熟、缺乏成就感的年长一些的狗狗。

希望本书能够增进你与爱犬之间的亲密关系，让你以全新的方式"与狗狗收获更多！"（Do More With Your Dog!®）

凯拉·桑德斯

亲密关系往往是在共同体验的过程中建立起来的，这些体验包括体能、智力以及情感上的。

不要因为过分在意目标，而错失了游戏过程中的快乐！

你是它的主人，它的成功与否，只需要你的眼睛来衡量。

游戏让狗狗更快乐、更健康

本书中的游戏不仅仅是有趣的活动。每个游戏都是一种学习上的挑战，能够帮助狗狗树立信心、培养专注力和协调性、增强体能以及提升服从指令的能力。我们在介绍每个游戏的时候，都会包含"训练技能"一栏，告诉你在游戏过程中，狗狗能学习到的基本技能。

这些游戏的目的在于让狗狗参与协作，乐于积极地解决问题。我们要做的是鼓励它去体验，而不是对其进行过分的控制。请不要忘记，这些游戏在你看来，或许十分简单，但对你的狗狗来说，却是相当复杂且极具挑战性的。

10 分钟！

生活如此忙碌，你可能每时每刻都想挤出一点宝贵的时间来陪你的狗狗，就算只有晚饭之前的 10 分钟也好。那么这本书就是你最好的选择，因为只要 10 分钟的时间，你的狗狗就能成功地完成里面的游戏。这些游戏虽然时间不长，却十分有趣，对狗狗而言，是理想的训练方式，并且最终它们从游戏当中获得的成就感，能够提高今后训练的积极性。本书一共包含了 86 个游戏，相信你的狗狗以后不会再厌倦训练啦！

训练技巧

正向训练法

在本书中，我们提倡正向训练法和合作精神，以帮助你与爱犬建立和谐愉快的亲密关系，让它乐于参与训练，成为你的好伙伴。我们通过强化狗狗的自尊和积极性，进而增强狗狗的训练热情。

每次带狗狗做新游戏的时候，要为它营造一种持续的激励的环境。在训练过程中，只要它获得小小的成功，就给它奖励，并且要用"愉悦的语气"来鼓励它、赞赏它。

奖励成功，忽略其他

狗狗通过尝试，在这些游戏中增强的关键技能之一就是解决问题的能力。鼓励狗狗尝试多种行为，并且（利用食物奖励）让它知道哪些行为是正确的。

如果它做错了，不要跟它说"不"，只要忽略它的错误尝试即可。直接说"不"会让狗狗有挫败感，不愿意再进行任何尝试。

食物奖励

对狗狗来说，奖励有好多种，例如玩具、游戏或者表扬，但我们通常采用食物奖励，因为这对它来说很有吸引力，而且可以马上给予。在新游戏的学习阶段，你可能希望多奖励狗狗一些，所以每当它获得小小的成功，你都会给它很多好吃的。实际上，你可以在 10 分钟的游戏过程中，将整顿晚餐一点一点地奖励给狗狗。

另外，你还可以给它一些"人类食物"，例如豌豆大小的鸡肉、牛排、奶酪、金鱼饼干、面条以及肉丸，这会让它的积极性更高。将热狗切片，放在盘子里，再用纸巾盖上，然后放到微波炉里加热 10 分钟，一餐美食就新鲜出炉啦！

让过度兴奋的狗狗安静下来

做游戏的时候，狗狗有时会变得很兴奋，那么你就需要让它安静下来，并重新集中注意力。这时候，你要悄悄地将双臂放于身体两侧，眼睛

看向别处，保持几秒钟的时间（不要训斥或打击它）。这是在告诉狗狗，如果继续这样下去，它就没有奖励，它必须保持安静，集中精力。一般只要几秒钟的时间，它就会安静一些，你们就可以继续玩游戏了。每次狗狗兴奋过头的时候，你都可以这样做。

要诱导，不要强制

想让狗狗到达指定位置，有两种做法：一种是诱导，即通过食物奖励的方法来引诱它过去；另一种是直接把它牵过去。或许后者更加简单，但是，这样一来会推迟学习进程。因为在这期间，狗狗不需要思考，并且没有学会到达指定位置的行为技能。所以，我们更加提倡诱导狗狗自己就位。

时机

在学习过程中，狗狗也许会乱动，或者做一些不相干的动作。那你就要立刻让它知道，它所做的是对（奖励）还是错（不奖励）。让它理解目标行为的关键就是给出食物奖励的时机。手里准备好食物，只要狗狗行为正确，马上就给它食物。不要推迟5秒再给奖励，否则狗狗也许就不会明白它的哪些行为是值得奖励的。

奖励标记训练

从逻辑上讲，有时很难在狗狗做出正确行为的瞬间给予它奖励。不过我们可以在那一刻说出某个字（或按下响片），让狗狗知晓它获得奖励的时机。我们将这种特殊的声音叫作奖励标记，因为它标记着狗狗赢得奖励的时机。奖励标记发出之后，应该马上给予食物奖励。有些训练者用"好！"或者"对！"来作为奖励标记。

后退也是进步的一部分

要想让狗狗对训练保持积极性，最重要的就是让它不断接受挑战，并定期地取得成功。如果它已经练习了30秒，但没有获得任何奖励，那它很可能会气馁，并且不想继续训练下去。如果它已经非常吃力，那你可以暂时降低成功的标准。

退回到较简单的步骤中，让狗狗可以在短时间内取得成功。

你的狗狗会在学习和后退的反复碰撞中不断成长。不要排斥后退——这个过程通常只花费很短的时间，而且还能给狗狗带来继续前进的信心。

如何利用这本书

从哪里开始都可以！我们在介绍每个游戏的时候，都会展示一项"训练器材"内容，告诉你需要准备的道具。做完一个游戏之后，"训练拓展"内容将指导你做另一个游戏，而后者会使用到狗狗新学的技能。

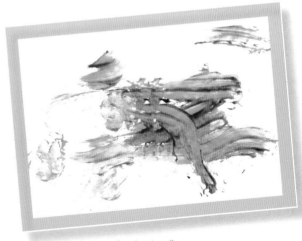

"马与骑手"，
创作于 2010 年，来自一只名叫霍莉的
阿拉斯加雪橇犬

霍莉画这幅画的时候，纸本来是竖着的，后来主人把纸旋转了一下，意外地发现了它所画的内容。在几天前，霍莉参加了一场特技表演，结果出了丑，因为它中途挣脱了比赛用的项圈，并且跑到了相邻的场地去追赶一匹小马，而当时里面正在进行一场电视转播的马球比赛。

试着跟狗狗一起用爪印画画吧！（详见 156 页）

游戏是犬类竞技的基础

本书中的许多游戏都曾被顶级训练员用来做犬类竞技的基础练习。经过练习之后，狗狗会具备身体自控意识和逻辑思考能力，这些都是参加竞技运动时必不可少的技能。书中每个游戏页面都列出了一些基础性的竞技活动，里面会用到狗狗在游戏中所学到的技能。下面我们简要介绍几种书中涉及的常见的犬类竞技活动。

敏捷赛

犬类敏捷赛是最受欢迎的犬类竞技活动之一。在这类比赛中，狗狗在训练员的引导下，依次通过多种障碍，包括跳跃障碍物、跷跷板、绕杆、轮胎、A形架、独木桥（高架木板）、隧道以及停顿台等进行特技表演。比赛时，这些障碍物会以不同的顺序排列在约30×30米的比赛场地上。场地中每次只有一只狗狗和它的训练员参赛，速度最快者获胜。训练员可以通过语言和肢体动作向狗狗发出指令。出现失误时，例如若狗狗跳下跷跷板时没有碰到底部的黄色部分（我们称之为接触区），就会被相应扣分。

诱导模拟狩猎

在诱导模拟狩猎比赛中，狗狗要追逐一个机械操作的人工诱饵（如白色塑料袋或鞣制兔皮），这项比赛对体能要求比较高。诱饵会被用绳子系在一辆小车上，小车装有滑轮，可以绕场地行进。诱饵的行进速度会达到每小时64千米。

搜寻赛

这是一种趣味性比赛，也能为狗狗赢得头衔，考验的是它们搜寻和定位气味目标的本能。参赛狗狗和训练员就像K-9警犬队在做侦查工作一样，共同搜寻藏有气味的目标箱子，整个过程很有意思。这种方式会让狗狗找到乐趣、树立信心、激发斗志、增强体能。

追踪赛

所有狗狗都有追踪气味的能力，这也是它们的一种狩猎本能。只要经过训练，它们就能追踪人类走过的路线。追踪实验（比赛）模仿的就是搜救失踪者。比赛时，先让一个人从场地中走过，然后再让狗狗和训练员沿着他走过的路线，从一端走向另一端。

搜救赛

在这项比赛中，训练有素的搜救犬和训练员志愿者要协助执法部门搜寻失踪者，例如在野外迷路或被雪崩困住的人。为此，狗狗被训练如何追踪气味和利用嗅觉找人。

飞盘赛

在飞盘比赛中，每一轮都有计时，狗狗和训练员要进行多次成功的抛接运动。自由式飞盘赛还配有音乐，狗狗和训练员的动作都经过了精心设计，比赛时会有高难度的飞盘特技，例如翻跟头、连接多盘、跳跃等，非常受观众欢迎。

野外狩猎赛

野外狩猎犬能帮人找回击落的禽类。（训练成能寻回猎物的）寻回犬比赛可以展示狗狗在拾拾猎物方面的本能和训练成果，赢得比赛的狗狗还能获得相应的头衔。训练员利用哨子和手臂动作为指令，引导狗狗寻找击落的禽类。首先，训练员会用哨音指挥狗狗坐下，并看向他。然后，训练员会将手臂伸向左边或者右边，为狗狗指明自己理想路线的方向。

拉力服从赛

在拉力服从赛（也叫拉力赛）中，狗狗和训练员要依次经过10～20个编号地点，每个地点都有一个指示牌，上面标明了需要狗狗完成的动作，例如"停下并坐好""U形转弯""趴下""狗狗上前并左转"等。这类比赛要求狗狗在前面带路，训练员跟在后面，按照自己的速度通过每一个地点。与传统意义上的服从不同，在整个比赛过程中，训练员可以对狗狗进行鼓励、称赞，以及重复发出指令。

服从性比赛

在服从性比赛中，你和你的狗狗将共同赢得

头衔，获得排名。每个比赛级别由6或7项指定内容组成，由一名裁判打分。其中初级赛包括随行、8字随行、唤回（"过来"）、站立检查、坐下等待和趴下等待。

警犬选拔赛

警犬（即护卫犬）选拔赛主要测试狗狗是否具备执行警务工作的特质，例如，执行K-9警犬任务、缉毒（气味侦查）、追踪以及搜救等。参赛的狗狗必须勇敢、聪明、可训练性强，并且愿意执行任务，同时还要有良好的体力、耐力、灵活性和嗅觉。警犬选拔赛由三部分组成，即追踪赛、服从赛和护卫赛。

自由舞蹈赛

自由舞蹈赛（又称犬类舞蹈赛）是一场由狗狗和训练员共同完成的精心编排的音乐表演。比赛能展示出选手的舞蹈能力、创造性，以及新颖的训犬技巧。常见的舞蹈动作有腿间迂回穿行、8字绕（训练员的）腿穿行、跳跃、旋转、鞠躬、打滚和踢腿等。

外形展示赛

外形展示赛是最受欢迎的犬类竞技活动。每个品种的狗狗都有各自的理想特征，而且这些特征都有公认的品种标准。犬展评委会将每一只狗狗同其所属的品种标准相比较，从中选出最接近理想特征的那只狗狗。其评判依据就是狗狗的身体特征（包括整体外形和身体结构）。参赛的狗狗要整齐划一地排成一排（姿态要舒展，以便评委对其身体结构进行评估），还要绕环形展示自己的步态。混种犬可以参加伴侣犬（又叫玩赏犬）展示赛，在这类比赛中，评估依据是训练员展示狗狗的技巧，而不是狗狗的身体结构。

演员犬评比赛

很多电影、电视节目、商业广告和现场演出中都需要狗狗来当演员。很多演员犬都是私人训养，并通过动物经纪公司签约的。它们必须要自信，善于与人打交道，能够适应各种环境和强烈的噪声。同时，它们还要经过专门的训练，能够按照无声的手势提示完成一些基本的动作。

治疗犬评比赛

自发组成治疗犬团队，并经过相关机构认证，与其他人分享你的爱犬；到医院或其他场所探望病人，给他们带去安慰和快乐，帮助他们摆脱压力或痛苦，看到他们的脸上绽放笑容，这是多么有意义的一件事情。治疗犬必须自信并喜欢与人亲近。有些狗狗还能通过简单的表演让整个过程更加精彩。

服务犬评比赛

服务犬（又称协助犬）是经过特殊训练来帮助残疾人的。经过训练之后，它们要学会拉轮椅、从地上捡东西、开关门，或者通过牵拉，让坐着的人站起来。有些狗狗还要学着按下特殊按钮，拨打紧急服务电话。

目 录

帮助狗狗树立对水的自信。将热狗切片，投到浅水池中，鼓励狗狗紧跟着吃掉它们。

训练技能

克服对水的恐惧，锻炼嗅觉。

训练成果

不怕水

一开始，很多狗狗会对水感到恐惧。而这种练习会让狗狗觉得十分有趣，使它愿意将自己的爪子，甚至自己的脸放进水里。

搜救赛

经过专门训练的搜救犬可以凭借嗅觉找到溺水者和水下的物体。注意观察狗狗是如何嗅到并找出沉在水下的热狗的。

浅水觅食

训练方法：

① 准备一个空的浅水盆，让狗狗看到你把一些热狗片放在里面。至少要放一片热狗片距离水盆边缘近一点，让狗狗站在盆外就能够到。要多多鼓励它，直到它敢于走进空盆里。

② 向水盆里倒水，深度 2.5 厘米左右，并重复刚才的练习。只要狗狗有所进步，就马上表扬它。如果它不太情愿的话，就将水盆稍稍倾斜，这样水盆的上半部分就没水了。

③ 再往盆里倒一些水，鼓励狗狗四只脚全部迈进去。手里拿着食物，引导它在水里前行。

④ 有些狗狗会学着"潜水"觅食，并把食物从盆底捞上来。当它们把脸埋在水下的时候，甚至还能用鼻子吹泡泡。

训练小贴士

如果狗狗对某个物体产生恐惧，不要强行带它过去，而是要让它自己去靠近，这一点很重要。把狗狗推进浅水盆，或者直接把它放进去，这会增加它的恐惧，并且严重影响训练进程。在 10 分钟内，大多数狗狗就会高高兴兴地去寻觅热狗了！

训练器材

在这个游戏中，可以使用儿童用浅水澡盆、大水桶，甚至找个大碗也可以。

训练拓展

填充物下搜寻

（见 2 页）

冲浪趴板

（见 82 页）

填充物下搜寻

把食物或玩具藏在一个装有填充物的纸箱子里。当狗狗进到里面搜寻的时候，它会自信满满（并觉得好玩极了）。

训练技能

建立自信，锻炼嗅觉、专注力和独立狩猎能力。

训练成果

搜寻赛

让狗狗利用嗅觉搜寻物体。

搜救赛

训练有素的搜救犬，可以通过气味来搜寻人类，并且能够成功地在某些杂物中，例如建筑废墟，追踪气味的来源。这个游戏能帮狗狗建立这种自信，培养坚持不懈的恒心。

训练方法

用食物或狗狗最喜欢的玩具引起它的兴趣。一定要在它的注视下，把食物或玩具埋到填充物下面，不要太深。指着这些东西，轻轻地拍一拍，然后用兴奋的声音鼓励狗狗："找到它！"如果它做到了，你要表现出十分激动的神情，并且把食物或玩具奖励给它。

你逃不过我的法眼！

训练小贴士

一开始，狗狗可能会有点害怕，不愿意将脑袋伸进填充物里。不久之后，它就会变得自信而坚持，你就可以将东西埋得更深一点。

训练器材

找一个纸箱子，里面放上填充物，例如无毒包装的花生、报纸团或者孩子玩的海洋球。将食物放进食物袋或者透气的容器里，这样目标比较大。

训练拓展

松饼烤盘

（见 32 页）

洗衣篮

将食物或玩具放在洗衣篮下，挑战狗狗的逻辑思维能力。你家狗狗知道该怎么做吗？

训练技能
增强信心，锻炼嗅觉、专注力和独立狩猎能力。

训练成果

自信心
帮助胆小的狗狗接触不太常见的物体，并奖励它们的勇敢行为。

训练方法
拿狗狗最喜欢的玩具或食物逗弄它一下，然后当着它的面，将洗衣篮翻扣在玩具或食物上。鼓励狗狗"找到它"。

训练小贴士	训练器材	训练拓展
狗狗会很喜欢这个游戏……不过前提条件是，从一开始它就能获得成功体验。你肯定不希望狗狗放弃离开，所以当它用鼻子或爪子触碰洗衣篮的时候，你可以轻轻提起篮子一角，以此方式帮助狗狗。	洗衣篮可以是金属丝的，也可以是塑料的，不过网格要大一些，以便狗狗看到并且嗅到下面的玩具或食物。	**打结的 毛巾** *(见 33 页)*

隧道

一开始，狗狗可能不敢钻进隧道，不过，只要你耐心地鼓励它，它就一定能做到，而且会变得更有信心。

训练技能

建立自信。

训练成果

敏捷赛

隧道是一种用于敏捷性训练的障碍物。

搜救赛

搜救犬在进行测试的时候，必须穿过一个带 90 度弯的隧道。它在搜寻受害者时有可能会面临类似的环境。

训练方法：

1　将狗狗带到一个熟悉的区域，准备一条短而直的隧道，给它时间，让它自己去探索。找人将狗狗带到隧道的一端，而你从另一端喊它，并与它进行眼神交流。手拿食物伸进隧道，哄诱它走向你这边。

2　这个过程也许需要几分钟的时间，或者多重复几次……不要急躁。当狗狗最终穿过隧道的时候，给予它食物奖励。

3　如果狗狗已经能够非常自信地穿过直隧道，那你可以试着将隧道稍微弯曲一下。假如狗狗再次感到不安，这一点也不奇怪。你可能需要让它多过几次直隧道，等它有了信心之后，再让它尝试弯隧道。

4　将隧道设成 U 型弯道，这对狗狗来说更具挑战性。在它穿隧道的时候，你要一直呼唤它，让它听到你在哪里，这会给它信心。

训练小贴士	训练器材	训练拓展
习惯了以后，大多数狗狗会非常喜欢钻隧道。如果没有人帮你将狗狗牵到隧道入口，就将隧道放在墙壁和沙发之间，或者门口的位置，这样狗狗就没有别的路可走了。	敏捷赛专用隧道的直径为 61 厘米，不过，儿童隧道要稍小一点，价格也要便宜很多。可以将沙袋放进隧道里，起稳定作用。	**爬行隧道** *(见 6 页)* **爬行筒** *(见 8 页)*

爬行隧道

逐渐降低隧道高度，直到狗狗需要腹部着地，匍匐前进。

训练技能

增强信心和体能。爬行隧道有时会在受伤后康复过程中使用。

训练成果

敏捷赛

在某些敏捷赛中会用到爬行隧道障碍物。

搜救赛 / K-9 警犬

搜救犬与 K-9 警犬队会利用爬行隧道来训练狗狗在空间狭小的地方行动，这种技能可能被应用于狗狗寻人或取回物体的时候。搜救犬必须能在仅有其身体高度 3/4 的障碍物下爬行。

看，我可以爬得很低！

训练方法：

1 将爬行隧道的高度调到最高。把隧道靠在墙边，这样可以防止狗狗从这一侧跑出来。在隧道里放上一排零食。把狗狗带到隧道入口，将第一块零食指给它看。你要站在隧道的一侧，以免狗狗从侧面跑出去。

2 吃到第一块零食之后，狗狗有可能从隧道入口退出来。不要阻止它，只要在相同位置再放一块零食即可。试着在隧道里多放几块零食，间隔近一点，从而吸引狗狗往前走。不久，它就会适应并走完整条隧道。然后从相反的方向再来一次。

3 将隧道离开墙，你加快速度沿着隧道侧面走，并将隧道的高度稍微降低一些。

4 配合使用口令"爬"。如果能在舒适的地面上爬行，例如草坪或地毯，狗狗一定会更加乐意。对狗狗来说，爬行并不轻松，所以重复训练的次数不宜太多。

训练小贴士	训练器材	训练拓展
一开始，狗狗可能会对爬行隧道产生恐惧，所以重要的是，不要强制它，让它觉得不舒服，这会增加它的恐惧。让它按照自己的意愿穿过隧道，只要它愿意也可以逃跑。	敏捷赛中所使用的爬行隧道，长2米，宽84厘米。你可以把犬用梯子的腿伸开，当作爬行隧道来用（见54页）。你还可以将几个锯木架或椅子排放在一起，临时组成一个隧道让狗狗来爬。	爬行筒（见8页）

爬行筒

只要你稍微帮它一下，狗狗就能非常自信地通过密闭的布制隧道爬行筒。

训练技能

建立自信。

训练成果

敏捷赛

封闭的隧道爬行筒是一个敏捷性训练障碍物。

搜救赛

在面对被部分封闭的隧道出口时，搜救犬必须自信满满，顺利通过。

注意——我要钻出来喽！

训练方法:

1　首先，教会狗狗通过出口开放的隧道（见4页）。请一位助手将狗狗带到爬行筒的入口。你站到出口处，将隧道布提起，打开出口，让狗狗看到整个通道内部。引导狗狗穿过隧道，等它出来的时候给予它食物奖励。

2　将上述步骤再做一遍，不过这一次，当狗狗走出来的时候，把手松开，让隧道布落到它身上，这样它就会习惯隧道布接触身体的感觉。

3　再提前一点放下隧道布，这样一来，狗狗在最后几十厘米的时候，不得不靠自己将隧道布顶开。

4　将隧道布提起并打开，让狗狗看到整个通道内部，再松开手，让隧道布落在地上。然后立即叫狗狗穿过隧道。一定要夸奖它的勇敢表现！

训练小贴士	训练器材	训练拓展
每次狗狗穿隧道之前，先把隧道布拉直，以免它缠在里面出不来。如果狗狗被缠住了，不要去抓它，而要提起并打开隧道的出口。	敏捷性训练使用的爬行筒种类很多，质量和价格也各不相同。你可以找一个208升的塑料桶，套上垃圾袋，或者更简单点，直接在桌子上铺条毯子，这样就可以为狗狗做成临时的爬行筒了。	**盲跳** *（见18页）*

响声游戏

如果狗狗害怕声音，这个游戏能帮助它在面对喧闹的噪声时更加自信，因为玩到最后，它会非常兴奋地拍打响声板的末端。

训练技能
降低对噪声的敏感程度，树立信心。

训练成果

敏捷赛

这个游戏是敏捷性训练的一项预热活动，能够让狗狗在听到跷跷板撞击地面而发出的巨大响声时，不会感到恐惧。

自信心

很多狗狗都害怕声音，它们如果对突然出现的噪声不再那么敏感，在日常生活中就会更加自信。

猎犬

对于猎犬来说，不畏惧声音是很重要的，因为它们必须自信地面对枪声。

训练方法：

1 手拿零食，举过响声板落下的一端，并发出口令："踩上来！"若狗狗想要够到零食，它也许会试着踩上去。只要它的爪子踩上响声板，马上说："好！"并给予它零食奖励。

2 将响声板末端抬离地面3厘米，重复上一步。当狗狗迈上响声板时，放手让响声板落到地上。响声板突然下落，发出声响，狗狗可能会吓一跳，这时候你要用愉悦的声音表扬它、鼓励它。

3 逐渐增加响声板被抬起的高度。每次发出声响过后，都要高兴地称赞它，并给予食物奖励。如果狗狗表现出犹豫，那就从头再来，把响声板放到地上再做几次。

4 让狗狗自己来完成。当狗狗开始敏捷性训练时，它已经不再对这种跷跷板之类的障碍物发出的巨大声响那么敏感了。

训练小贴士	训练器材	训练拓展
将奖励（食物）和恐惧对象（巨大响声）相联系，帮助狗狗克服恐惧，这种技巧叫作逆条件作用。了解狗狗的焦虑程度，并且不要超过它的承受极限。如果狗狗做出下蹲的动作，不愿意靠近响声板，或者不去吃你手中的零食，那么这种训练就已经超出它的承受能力了。	响声板看起来就像个小型跷跷板。你也可以使用正常大小的跷跷板（见74页），或者平衡板（见80页）作为"响声板"来制造响声。	大声关门 （见12页） 跷跷板 （见74页）

大声关门

关门一直都是我的活儿。我是一只乐于助人的狗狗。

对声音敏感的狗狗，在学会关门之后，就会在面对巨大的噪声时更加自信。你可能想不到，狗狗有多么喜欢这个游戏。

训练技能
树立信心，降低对声音的敏感程度。

训练成果

自信心
狗狗会对声音十分敏感。这个游戏可以帮助狗狗不再畏惧突如其来的噪声，从而在日常生活中表现得更加自信。

服务犬
服务犬可以帮助主人关门。

训练方法：

1 先把门关上。手拿一块零食，给狗狗闻一下，引起它的兴趣。

2 慢慢将食物移向门边，并举高一点，让狗狗够不到。为了够到食物，狗狗会把前爪放到门上。只要它这么做，马上说"好!"，并给予食物奖励。

3 把门打开一点（约几厘米即可），重复上面的步骤。当狗狗爪子碰到门的时候，门会"砰"地关上，狗狗有可能会吓一跳。尽量在门关上的那一瞬间，快速把零食放到狗狗嘴里。

4 重复练习几次，如果狗狗表现得好，可以将门开大一点。很快，狗狗就会兴奋不已地往门上跳，弄出"砰砰"的声响。

训练小贴士

对声音敏感的狗狗会被响亮的关门声吓到，所以一定要循序渐进地提高关门的音量。留意狗狗的焦虑程度，假如它不愿意靠近门，那就重新把门关上，返回之前的步骤多练习几次。

训练器材

如果狗狗体型较大，可以用普通的门；如果狗狗体型较小，可以用橱柜门。

训练拓展

响铃外出
（见138页）

爪印绘画
（见156页）

跳环

说不定哪天，我会成为马戏团的大明星！

跳环能增加狗狗的自信心。

训练技能

建立自信，锻炼协调性。

训练成果

敏捷赛

　跳轮胎是一个敏捷障碍赛项目。

自由舞蹈赛

　训练员双臂环抱成圆形，狗狗跳跃穿过，这是一个常见的舞蹈动作。教会狗狗跳环就是学习这个舞蹈动作的第一步。

训练方法：

① 把圆环抵在门口，防止狗狗绕着环乱跑。刚开始先留出时间让狗狗自己研究一下圆环，不然它有可能害怕。

② 用靠近狗狗的那只手拿住圆环。另一只手拿一块零食，诱导狗狗穿过圆环。只要它做对了，就把零食给它。

③ 现在在一间空旷的房间里试试。同样用靠近狗狗的那只手，将圆环固定在地上。喊一声："跳！"然后用另一只手里的零食诱导它穿过。

④ 一只手将圆环抬高，使其离开地面。用力挥动另外一只手。如果狗狗困在环里，就帮它松开。

训练小贴士	训练器材	训练拓展
狗狗一开始可能不敢跳。让它自己下决心去跳吧，不要强迫它。	狗狗的圆环可以用玩具呼啦圈替代，不过要把里面会出声的珠子拿出来，不然会吓到狗狗。或者你可以用黑色的PVC冲洗管和管接头（五金店有售）自己做一个。	跳杆 (见90页)

跳台

在平台之间跳跃是需要勇气的。从矮处开始练习，狗狗很快就能自信满满地跳来跳去了。

训练技能

增加信心，锻炼协调性和跳跃技能。

训练成果

搜救赛 / K-9 警犬

警犬经过训练后，能在两个1.2米高的平台间跳跃。而搜救犬经过训练后，其跳跃的距离要相当于其自身的肩高。

演员犬

让狗狗在平台间跳跃，这是采用绿屏技术的一种常见做法，可以为狗狗拍摄全身像，或者拍摄出类似狗狗在飞的镜头。

当我的主人打开门时，他说："放了这些狗！"

训练方法：

1　将两个平台紧挨着摆好。让狗狗"站上"第一个平台（参考"高台"，见122页）。用一块零食诱导它到第二个平台上去。如果它做到了，就给予它零食奖励。

2　将两个平台拉开大约15厘米的距离，再试一次。不过这次不再使用诱导手段，而是一边轻拍第二个平台，一边试着喊："跳!"

3　逐渐加大两个平台间的距离，让狗狗跳得越来越远。只要狗狗跳到第二个平台上，就给它奖励。

4　如果狗狗没有跳向第二平台，而是往地上跳，就在两个平台之间设置跳杆或者跳环。

训练小贴士

一次失败的跳跃经历会让狗狗丧失信心，所以不要一下子把距离拉得太大，并且只有当你确定狗狗充满信心的时候，才能拉大距离。

训练器材

所选的平台要结实、牢固，而且要有足够大的空间，以便狗狗着地（两个平台之间的距离越远，平台就应该越大）。狗狗很有可能跳得不高，所以平台也不能太高，以防狗狗受伤（大约是狗狗身高的一半就可以）。

训练拓展

跳杆
（见90页）

盲跳

对狗狗来说，战胜恐惧是一种力量。在你的鼓励之下，狗狗能够自信地跳过拉上的窗帘。

训练技能

培养自信，锻炼跳跃能力。

训练成果

敏捷赛

盲跳类似于考验敏捷性的障碍项目"跳窗"。该项目中所用的障碍物是一块结实的织物面板，上面饰有方形窗户的图形。就像盲跳一样，狗狗看不到"窗户"的另一边是什么。

搜救赛 / K-9 警犬

搜救犬和K-9警犬都要接受跳窗障碍训练，进行场景模拟，说不定哪天它们就需要从真正的窗户跳出去。

训练方法：

1 首先，教会狗狗跳杆（见90页）。将练习盲跳的窗帘完全拉开，并系在框架两侧，以免风吹动窗帘。用零食诱导狗狗穿过框架。

2 在盲跳框架前放置一个较低的跳杆，让狗狗跳过跳杆并穿过框架。

3 松开窗帘，但不要拉上。再次让狗狗跳过跳杆并穿过框架。每跳一次，把窗帘拉上一点。

4 最后，把窗帘全部拉上。可以留下一道小缝，让狗狗知道往哪里跳。

训练小贴士	训练器材	训练拓展

这项练习要循序渐进，不能进度太快。掌握这项技能之后，狗狗会更加自信。

可以用PVC塑料管搭建盲跳框架。窗帘要分两段，面料质地要轻柔。也可以直接将布料或报纸固定在一个大一点的圆环上，做成临时的盲跳框架。

爬行筒
（见8页）

记忆游戏

我觉得应该在
中间这只桶里……

让狗狗记住食物在哪只桶里，锻炼
它的记忆力和专注力。

训练技能

提高记忆力和专注力。

训练成果

野外狩猎赛

　在狩猎能力测试中，狗狗会"标
记"几只被击落的禽类的位置，
记住每一只掉落的地点，然后把
它们全部叼回来。

训练方法：

1 将两只一模一样的桶放在一起，中间隔开几厘米的距离。让狗狗保持坐立的姿态（最好是让它坐在一个高台上，见 122 页）。当着它的面，把一块零食放进其中一只桶里。

2 回到狗狗身边，让它去寻找零食。要是它第一次找错了，就不准它再去检查另外一只桶了。把它领回来，让它坐好，重新再来一次。

3 延长狗狗的记忆时间。将零食放进一只桶里，你站到两只桶的中间，数到 5 之后，回到狗狗身边，并让它去找。

4 再加一只桶。这会大大增加游戏的难度，所以要尽量缩短狗狗等待的时间。

训练小贴士

这个游戏虽然会让狗狗们觉得很难，但对它们的注意力和记忆力来说，却是一种很好的锻炼。即便你的狗狗能够顺利完成两只桶的游戏，可面对三只桶的时候，它们依然会觉得很头疼。

训练器材

桶不能太轻，否则容易被弄翻；也不能太小，以确保狗狗能轻松够到桶底的零食。

训练拓展
追踪记忆游戏

（见 22 页）

追踪记忆游戏

先让狗狗记住玩具的位置，再让它回去找，通过这种做法，提高狗狗的持久记忆力。

训练技能

提高记忆力、注意力，锻炼嗅觉。

训练成果

追踪赛 / 搜救赛

在这个游戏中，狗狗要利用嗅觉寻找玩具或食物。狗狗要学着识别气味，并找到气味来源，这是参加追踪比赛时必备的技能。

训练方法

将狗狗最喜欢的玩具（或食物玩具）拿给它看后放在地上。轻拉它的领巾，离开玩具，带它走开一段距离。然后高兴地说"好了！"并放开它，让它去找自己的玩具。之后，将玩具放到另外一个地方，把狗狗带得更远一点。

训练小贴士

距离要逐渐拉大，以确保狗狗能够成功，而这种成就感能激励狗狗在每次重复练习的时候更加努力。最终，狗狗可以追踪几十米的距离。这个游戏可以与几只狗狗同时玩——看谁能最先找到战利品（如果发现狗狗有攻击倾向，马上结束游戏）。

训练器材

要选择狗狗真正喜欢的东西作为目标才行。对某些狗狗来说，可能是玩具；而对另外一些狗狗来说，可能是食物。如果选择食物的话，要将其放进容器里，例如分装食物的玩具或碗，这样一来，目标就会大一些，方便狗狗寻找。

训练拓展

寻宝游戏
(见 34 页)

毯下寻宝

在这个游戏中，狗狗要设法找到藏在毯子下面的玩具。

训练技能

挑战专注力和逻辑能力。

训练成果

搜救赛

这个游戏经常用来评估狗狗的干劲和毅力，看它是否具备成为搜救犬的潜质。要想成为一只优秀的搜救犬，狗狗就要不厌其烦地去寻找玩具。

训练方法

把食物玩具拿给狗狗闻一闻，引起它的兴趣。然后把玩具放到地上，用毯子盖上。鼓励狗狗："找出来！"如果它能做到，就把食物给它当作奖励。

训练小贴士

有些狗狗会非常积极地寻找玩具，而有些则不然。要是它开始失去兴趣，马上掀起毯子的一角，让它看到玩具，然后再把毯子放回去。

训练器材

用狗狗真正喜欢的东西做奖励，例如里面塞满了花生酱的食物玩具。奖励目标要足够大，这样狗狗能感觉到它在毯子下面；另外气味要浓重，能一直吸引狗狗去找它。

训练拓展

打结的毛巾

（见 *33* 页）

逻辑测试

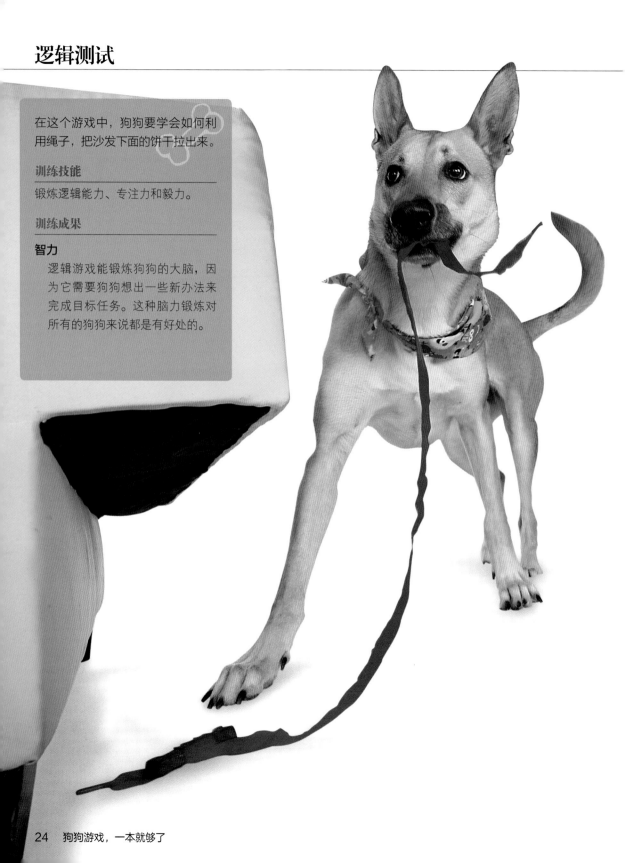

在这个游戏中，狗狗要学会如何利用绳子，把沙发下面的饼干拉出来。

训练技能

锻炼逻辑能力、专注力和毅力。

训练成果

智力

逻辑游戏能锻炼狗狗的大脑，因为它需要狗狗想出一些新办法来完成目标任务。这种脑力锻炼对所有的狗狗来说都是有好处的。

训练方法：

1　将一块狗狗饼干系在一根粗绳上。在狗狗的注视下，把饼干推到沙发底下大约 45 厘米远的地方。绳子要露在外面，放在地上。

2　狗狗会尝试各种方法去够饼干，例如把鼻子伸进沙发下面，并将爪子伸到沙发底下去掏。

3　一分钟后，让狗狗看着你拉动绳子，把饼干拉出来。但是不要把饼干给它。把这个过程重复一次，还是不能给它饼干。

4　到第三次的时候，你只需在一旁等待，观察狗狗自己是如何设法拉动绳子的。你可能需要指指绳子，或者晃晃绳子，帮助狗狗找到重点。

训练小贴士	训练器材	训练拓展
这个有趣的 10 分钟小游戏非常适合下雨天不能出门的时候来玩。狗狗可能需要多试几次，才能弄明白如何拉绳子，不过一旦它掌握了要领，就会非常喜欢从各种各样的地方把饼干拉出来。	选择脆一点的饼干，让狗狗一咬就碎，这样就能避免它误食绳子。整个过程中，你都不能走开，要密切关注，并且不能让狗狗把绳子吃下去。	钓鱼 （见 26 页）

钓鱼

从桌子上垂下一根绳子，绳子末端系上一块零食。你的狗狗知道如何拉动绳子，得到好吃的吗？如果它拉得不够长……绳子（和零食）就会再滑下去的！

训练技能

挑战逻辑能力、专注力和毅力。

训练成果

智力

狗狗可能需要反复尝试，才能弄明白如何拿到食物。但是一旦做到了，它会觉得特别自豪！逻辑游戏会激发狗狗思考不同的办法来实现目标，这种脑力锻炼会开发狗狗的智力。

我要踩住绳子，不然它就跑了。

训练方法：

1　教狗狗玩这个游戏的时候，最好找个有栏杆的
　地方，例如楼梯或阳台。把零食（装在容器里）
　系在绳子的一头。把零食拿给狗狗看，然后把
　绳子悬挂在边上，伸出约 60 厘米的长度。

2　狗狗可能会去咬绳子或抓绳子。每次它这样做
　的时候，就把绳子向它拉近几厘米，以表示对
　它的尝试的积极回应。

 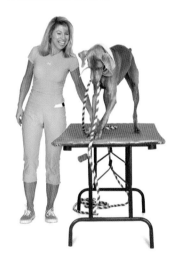

3　只要它把装零食的容器拉上来了，你就打开容
　器，把零食给它。注意，此时的奖励一定要是
　容器里的，而不是从口袋里另拿零食给它。

4　一旦狗狗掌握了窍门，就让它完全自己拉绳子。
　最后，狗狗会咬住绳子并且后退，将零食拉
　上来。

训练小贴士	训练器材	训练拓展
每只狗狗都会经历自己反复试错的过程，在这个过程中，它们会不断地尝试，犯错，再尝试，再犯错，直到弄清楚该怎么把绳子拉上来。所以，假如它一开始没有做对，不要担心……给它一点时间，让它自己把事情搞明白。	找一根粗一点的绳子，直径约为 2 厘米。可以拿小筒当食物容器，并系在绳子上。玩游戏时，可以到楼梯顶部的位置，把绳子搭在楼梯的栏杆之间。由于狗狗可能会去抓绳子，所以你可以用门垫把楼梯铺盖起来。	**逻辑测试** *（见 24 页）*

与主人对视

主人，这块手帕太大了！

训练方法：

1　蹲坐在狗狗面前，与它同高。把一块零食举到狗狗眼前。

2　将零食慢慢地朝着自己眼睛的方向往后移动。同时平静而缓慢地发出口令："注意……注意……"

3　只要狗狗与你目光接触一或两秒，马上说："好！"并给它零食奖励。既然希望狗狗能获得成功，那就尽量在它失去兴趣、转移视线之前给它奖励。

4　逐渐尝试放下手里的零食，在你们的眼睛之间伸出手指，并提示它"注意"，让它看你。当它与你目光接触的时候，夸奖它："好！"并给它零食奖励。当它学会以后，你可以延长目光对视的时间，然后再给奖励。

训练小贴士

让你的狗狗形成一种习惯，即在获得常规奖励之前，要保持片刻的平静与专注，例如要带它散步时，在门口练习这种习惯；或者要喂它食物时，放上餐盘进行练习。只要狗狗与你对视一两秒，就给予奖励。这会让你的狗狗学会自控，并且知道，平静与专注的行为是有奖励的。

训练器材

不要戴墨镜。最好选择蹲坐的姿势，这样狗狗更容易与你对视。

训练拓展

保持平衡，接住食物

（见 30 页）

看手势

（见 116 页）

保持平衡，接住食物

在这个游戏中，狗狗要用鼻子顶着饼干，保持平衡，这会鼓励它保持专注和自制。

训练技能

提高专注力和自制力。

训练成果

自制力

这是一项训练自制力的练习，狗狗要学着专注于自己的任务，即使鼻子上有个巨大的诱惑也不例外。

就让我
舔一小下……

训练方法：

1　先让狗狗坐好。轻轻地托住它的嘴巴，与地面保持平行，并在它的鼻梁上放上一块零食。小声对它说："稳——住——"

2　伸出一根手指，吸引它的注意。慢慢放开它的嘴巴。

3　在狗狗保持这个姿势一秒钟后，发出口令："接！"让它把零食放下来。

4　等狗狗学会以后，看它是否能够保持这个姿势更久一点。或者拿几个不同的物体放到它鼻子上，让它保持平衡。依然要利用手指，让它集中注意力。

训练小贴士	训练器材	训练拓展
这个游戏的目的是锻炼狗狗的专注力和自制力。当零食从鼻子上掉下来的时候，狗狗不一定能接住（有些狗狗是可以的哦！），不过这并不重要。	有些品种的狗狗嘴巴较短，做这个游戏要困难一些。那就可以换成难度较低的食物，例如湿面条或熟肉条等。	**肥皂泡** *(见 144 页)*

松饼烤盘

狗狗们都会超爱这个游戏！把零食藏在松饼烤盘里，并在每一格里放上一个网球，盖住零食，然后等狗狗把零食找出来。

训练技能

锻炼嗅觉、逻辑能力和专注力。

训练成果

搜寻赛

狗狗要靠嗅觉来做这个游戏，学习用鼻子来获得奖励。

训练方法

在松饼烤盘里放上三四块味道强烈的零食，每块单独放一格。然后在每一格内都放上一个球，并盖在零食上面。把盘子放到地上，让狗狗想办法去找零食。

> 我们已经玩了一千次这个游戏了。你还搞不清楚状况吗？

训练小贴士

如果狗狗很兴奋，你可能需要把松饼烤盘固定在一个位置。如果狗狗兴致不高，你可以在每一格里都放上零食，然后只在半数格子里放球。

训练器材

一个普通的松饼烤盘和 12 个网球。

训练拓展

箱体搜索

(见 36 页)

打结的毛巾

在打结的毛巾里藏一块零食，看狗狗兴致勃勃地去把它找出来。

训练技能

锻炼嗅觉、逻辑能力和专注力。

训练成果

搜寻赛

这个游戏锻炼毅力——参加搜寻赛的一项必要技能。

训练方法

找一条毛巾，在里面撒上零食。卷起毛巾，打个结，但不要系得太紧。在毛巾缝隙里再多塞一些零食。把毛巾拿给狗狗，让它设法把零食找出来。

训练小贴士

一定要监督狗狗，别让它把毛巾吃了。如果狗狗缺乏毅力，把带零食的毛巾简单卷起来就好，不要再打结了。

训练器材

毛巾不要太厚，可以选用薄的洗碗巾，或者把旧毛巾剪成条，这样卷起来不至于太大。

训练拓展

毯下寻宝
(见23页)

寻宝游戏

把零食或玩具藏在屋子里，让狗狗去找，和狗狗来玩一场寻宝游戏吧。

训练技能
锻炼嗅觉、专注力和独立狩猎能力。

训练成果

搜寻赛
这个游戏教会狗狗到不同的地方寻找隐藏的气味——高处、低处、家具下面以及其他特别的地方。参加搜寻赛的狗狗都要进行"搜索建筑物"训练，而这个游戏可以为其做好准备。

搜救赛
搜救犬必须要长时间地集中注意力，坚持不懈地持续搜索目标。这个游戏会以奖励的方式锻炼狗狗这方面的技能。

训练方法
把一些零食藏在显眼的地方。指着零食，鼓励狗狗："找出来！"把零食藏到不同的高度、沙发底下、不同的房间以及特别的地方，从而增加游戏难度。狗狗会在房间里跑来跑去，找到许多好吃的，玩得不亦乐乎！

通常，如果我不知道这是什么东西，我就会吃掉它。

训练小贴士	训练器材	训练拓展

要是看到狗狗毫无头绪，可以把零食指给它看，提示它一下。当你增加游戏难度的时候，要确保狗狗仍然能够获得成功，不然它就会失去信心，你肯定不想狗狗放弃游戏吧。

要是狗狗有特别喜欢的玩具，可以用它来做寻宝的目标。除此以外，还可以用一些小零食，例如粗磨狗粮、金鱼饼干、爆米花或者麦片，以及热量比较低的未烹制的果蔬（例如胡萝卜、青豆、土豆、西蓝花和苹果）。

松饼烤盘
(见 32 页)

哪只手里有零食？

嗯……我能两个都选吗？

你的其中一只手握住一块零食。两手握拳，然后问狗狗："在哪只手里？"

训练技能

锻炼嗅觉、逻辑能力和专注力。

训练成果

搜寻赛

这个游戏教会狗狗利用嗅觉获得奖励。

训练方法

你的其中一只手握住一块零食，两只手都攥起来，放到狗狗面前。如果它用鼻子触碰有食物的手，就把手张开，并把零食给它。如果它判断错误，就把那只手张开，让它看到手里是空的，等10秒钟之后（也算是小小的惩罚），再试一次。

训练小贴士	训练器材	训练拓展
狗狗们非常喜欢这个游戏！如果狗狗轻咬你的手，不要给它奖励。相反，把手拿开几秒钟，然后再放到它面前，告诉它："轻一点……"	零食的气味要重，例如热狗、鸡肉、牛排、火腿或者奶酪。	**扣桶** *（见38页）*

箱体搜索

狗狗要有独立行动的自信。在这类搜寻比赛中，狗狗要靠嗅觉找出装有目标气味的箱子，然后训练员站到箱子后面。

训练技能

测试嗅觉、专注力和独立狩猎的意愿。

训练成果

搜寻赛

箱体搜索是搜寻竞技比赛中的基础项目。

侦查犬

搜寻赛来源于侦查犬（例如炸弹侦查犬和毒品侦查犬）的工作内容，它们也必须搜索多个容器来寻找目标气味。

我闻到好吃的了。是肝……还带点奶酪……

训练方法：

① 拿出 3～6 个箱子，把它们都打开。把气味浓郁的食物放进袋子里，或者透气的容器里（这样狗狗就吃不到了）。将盛有食物的容器放到其中一个箱子里，并把箱子混在一起，这样狗狗就不知道"宝贝"被藏在哪个箱子里了。

② 放开狗狗，让它去搜索箱子。这时候你不要出声，不要分散它的注意力。如果狗狗需要鼓励，你可以自己静静地去检查箱子。

③ 只要狗狗对正确的箱子表示出兴趣，马上热情地夸奖它，并给它零食奖励（一定要在正确的箱子旁边给予奖励）。

④ 盖上（或部分盖上）箱子，以增加游戏难度。在箱子上打几个孔透气，不然狗狗不容易嗅到里面的食物。

训练小贴士	训练器材	训练拓展
搜寻赛需要团队合作：狗狗的任务是寻找目标气味，训练者的任务是看懂狗狗的肢体语言，只要狗狗找到了，就能马上知晓。观察你的狗狗，学会发现它微妙的身体变化和呼吸变化，这些变化能够说明它正在追踪目标。每次练习的时间不要太长，不然会让狗狗觉得枯燥无味。	很多容器都能用在这个游戏中：纸箱、带孔的塑料食品盒，或者把花盆倒过来也可以。使用统一的容器是最好的，不统一也没关系。	扣桶 （见 38 页）

扣桶

这是一个经典游戏。将三只桶倒扣在地上，在其中一只桶下放一个球。打乱桶的顺序，让狗狗告诉你球在哪只桶里。

训练技能

锻炼嗅觉和专注力。

训练成果

搜寻赛

这个游戏类似于搜寻赛里的箱体搜索（见36页），可以提高狗狗嗅觉的灵敏度，增强狗狗搜寻物体的系统性。

有时真是够令人着急的，干脆把它们全都翻过来好了。

训练方法：

1　一开始先用一只桶。拿一块零食在桶里擦一擦，或者用胶带把零食粘到桶内侧透气孔处。让狗狗看着你把零食放到地上，并且用桶扣起来。

2　鼓励狗狗："找出来！"如果它用鼻子或爪子去碰桶，就说："很好！"然后拿起桶，让它吃掉食物。

3　再加两只桶。为了防止狗狗把桶弄翻，你可能需要扶一下。要是它找的不对，不要打开，而要鼓励它"继续找"。

4　等狗狗对正确的那只桶表现出明显兴趣的时候，对它说："很好！"并把桶打开。

训练小贴士	训练器材	训练拓展
刚开始玩这个游戏的时候，狗狗可能会犯糊涂，你不要着急，并且尽量不要说"不对"。要是狗狗不耐烦了，你要快速把桶打开，露出下面的食物，然后再扣回去。每次游戏都要让狗狗获得成功体验，这样它才能保持动力并期待下一次练习。	用三只相同的桶，桶底要有孔，这样能让狗狗嗅到里面东西的气味。可以用有一定分量的黏土花盆，因为盆底有孔且不容易被打翻。	**气味分辨** *(见 40 页)*

气味分辨

在这个游戏里，狗狗要在一堆网球中间找到带有你气味的那一个球。

训练技能

锻炼嗅觉、专注力和独立狩猎能力。

训练成果

服从赛

高级服从赛包括一项气味分辨测试，跟这个游戏很像。只不过比赛时用的不是网球，而是哑铃。

追踪赛

在追踪赛里，狗狗要在很多人中追踪某个人的气味。气味分辨游戏能教会狗狗寻找某一种特定的气味。

训练方法：

① 先让狗狗学习"衔取"（见 130 页）。拿出三个干净的、没有气味的球，将其中一个放在手里搓一搓，再拿你的食物擦一擦，这样球上面就有了气味。（要给球做上标记，否则就分不出哪个是有气味的了！）

② 指着这几个球，对狗狗说："找到我的那个，捡过来！"假如狗狗一开始弄错了，继续指向其他的球，用鼓励的语气跟它说："找到我的那个！"

③ 只要狗狗含住正确的球，就鼓励它回来，并告诉它："你真棒，拿过来。"只要狗狗带回正确的球，就给它食物奖励。

④ 过一会儿，增加球的数量。只要狗狗明白了游戏的目标，你就可以保持安静了，这样有益于训练，也可以增加狗狗独立完成任务的信心。

训练小贴士	训练器材	训练拓展
有些狗狗 10 分钟之内就能学会这个游戏。不过所有的狗狗都会经历一个困惑的阶段，甚至会有所退步。你要明白，这也是学习过程的一部分，不要失去信心，也不要因为它选错了就训斥它。相反，鼓励它再来一次，做出正确的选择。	网球必须要干净，没有味道。拿球时，你可以用钳子夹，每次用完，可以把球放到外面晾一天，以备下次再用。可以用圆环把球箍起来，以防球在房间里乱滚。	**追踪** （见 44 页） **通信犬** （见 46 页）

捉迷藏

要是小猫不见了，有时我也会帮忙寻找。

你藏起来，让狗狗靠嗅觉找到你，这个游戏很适合下雨天在室内玩。小孩子也超爱玩哦！

训练技能

锻炼嗅觉和专注力。

训练成果

追踪赛

教狗狗靠嗅觉找人，让它学着追踪。

训练方法：

1 让狗狗寻找跟它比较亲密的人，例如家庭成员，这样狗狗会更有动力。你带狗狗先等一会儿，让另外一个人到周围藏起来，例如藏到家具后面。

2 告诉狗狗："找到某某（某人的名字）！"藏起来的人可以通过叫狗狗，来给它点提示。只要狗狗走到目标旁边，藏着的人就给它零食奖励。

3 逐渐增加躲藏位置的寻找难度，例如打开的门后、浴室里，或半开的壁橱里。如果狗狗找到了目标，就一定要给它奖励，例如给它零食或好好陪它玩一会儿。

4 狗狗会学着利用嗅觉追踪人的气味，它甚至能嗅出某个人走向隐藏位置的路线（你可以在藏起来之前，到各个房间里走走，来迷惑一下你的狗狗）。

训练小贴士

狗狗们超爱这个游戏！当狗狗忙着享用某人给它的奖励时，另外一个人可以趁机藏起来，这样你们就可以互换角色，继续游戏了。

训练拓展

通信犬
（见 46 页）

追踪

狗狗的鼻子很神奇。教会狗狗用鼻子来追寻人的踪迹。

训练技能

锻炼嗅觉、专注力和独立狩猎能力。

训练成果

追踪赛

追踪赛既是一项单独的比赛,也是护卫犬竞技的其中一项。比赛时,一个目标人物在场地中走过,沿途扔下几样东西。狗狗必须找到这些东西(它会用趴下的动作来表示),并且最终找到目标人物或者最后一样东西。

搜救赛

搜救犬能够根据气味追踪 1.6 千米的距离。

我觉得热狗在这边。

训练方法：

① 让狗狗在车里等着，你沿直线，拖着脚走出 50 米的距离。在走的过程中，每隔几步扔下一些气味强烈的零食。

② 在路线的尽头，放一个大的奖励，例如大块的狗狗饼干或者狗狗钟爱的玩具。

③ 让狗狗从路线的开端起步，让它拉着你一路追踪过去，把途中的零食消灭干净。

④ 让狗狗找到最后的大奖！

训练小贴士

注意，如果狗狗偏离了方向，很有可能是因为风把气味吹跑了，而它依然在追踪气味。等狗狗掌握了技巧以后，把食物的间隔拉大，逐渐把路线改成弯道。

训练器材

给狗狗拴上背带，与一条长度约为 3.7 米的绳子。游戏地点可以选在潮湿的草坪，因为它更能锁住气味，狗狗追踪起来更容易。游戏时可以插上小旗，以免忘记你走过的路线。

训练拓展

追踪

记忆游戏

（见 22 页）

通信犬

（见 46 页）

通信犬

在这个游戏里，狗狗会像以前的战犬一样，在两个人之间反复传递绝密消息。

训练技能

锻炼嗅觉、自信心、独立狩猎能力和专注力。

训练成果

通信犬赛

通信犬赛模仿的是传统的战犬职责，训练员会在狗狗的项圈里放上消息，让狗狗在两个人之间传递。比赛有时间限制，速度最快的狗狗获胜。

有一个高度机密的消息要传送哦！

训练方法：

1. 找两个与狗狗关系亲密的人来玩这个游戏，例如家庭成员。周围的环境不能太嘈杂，可以选择家里或者院子里。你带狗狗走开一点，然后放开它去找另一个人，并说："去找某某（某人的名字）！"

2. 当狗狗靠近另一个人时，对方要鼓掌，并不断地鼓励它。当狗狗走到旁边时，他要热情地表扬狗狗，并给它一把美味的零食。

3. 现在增加游戏难度。请另一个人先看着狗狗，你跑出一定距离，并藏到拐角处。狗狗还能找到你吗？

4. 你放开狗狗之后，抓住时机找另外一个地方藏起来。让狗狗在两个人之间不断重复练习。

训练小贴士	训练器材	训练拓展
随着距离的加大，狗狗越来越需要靠自己的嗅觉来找你，并追踪你的轨迹。如果你曾经有爱人或孩子迷路的经历，那这个练习就派上用场了！	这个游戏不需要任何特定的器材，不过有些东西也用得着，例如颜色鲜艳的橙色狗狗背心、项圈上装消息纸条的小筒、GPS追踪项圈、手机或无线电话等。	追踪 记忆游戏 *（见22页）*

按摩

按摩不仅对狗狗的身体有好处，而且还能帮它放松下来。

训练技能

帮助狗狗放松、增进亲密关系、提高专注力。

训练成果

身体康复

按摩可以放松紧绷的肌肉，缓解关节炎、髋关节发育不良和老年僵硬带来的疼痛。

增进亲密关系

按摩可以缓解紧张情绪，让狗狗享受人们的抚摸（要注意清洗和修剪指甲）。

体育竞技

对于参加体育竞技的狗狗运动员来说，按摩能够帮助它们放松身心，好处多多。

请往左点儿，谢谢。

训练方法:

① 首先,我们来给狗狗放松肌肉。把手伸开,从头到尾轻轻抚摸狗狗的身体。抓一抓耳后,将一捋脸颊、下巴下方、鼻子上面和两眼之间等部位。

② 稍微用力以画圈的方式按揉狗狗肌肉发达的部位。用三根手指,沿相反方向轻轻按摩腿部两侧。按到脖子、肩膀和胸部的时候,轻柔地捏一捏松弛皮肤的小褶皱。

③ 用拇指和食指捋过整个脊柱——不要直接按在脊柱上,要按在脊柱两侧较长的肌肉上。将手蜷成爪形,轻轻抖动狗狗全身的皮肤。如果狗狗表现得很享受的话,那就轻柔地捏一捏它的爪子,时间长一点。

④ 用双手扶住狗狗,摇一摇它的身体,就好像摇晃婴儿一样。稍微用力地从下到上捏一捏它的尾巴(不要拉拽)。最后再慢慢地从头到尾抚摸几次。如果一切进展顺利,你会发现经过 10 分钟的按摩之后,狗狗已经进入了梦乡。

训练小贴士	训练器材	训练拓展
按摩一定要轻、要柔。只有受过专门培训的医生才能进行力道较大的深度按摩。还要注意避开狗狗的腹部。	按摩过程中,让狗狗躺在一个柔软而稳固的平面上。	**狗狗瑜伽** *(见 50 页)*

狗狗瑜伽

这是一项让狗狗及其主人共同进行冥想、适度拉伸、放松身心的运动，也是增进你与狗狗之间关系的好机会。

训练技能

帮助狗狗放松、增进
亲密关系、提高专注力。

训练成果

狗狗瑜伽

狗狗瑜伽课程鼓励主人带狗狗
一起练习瑜伽，共同享受
身心放松，并增进亲密关系。

训练方法：

① 练习狗狗瑜伽的时候，要努力和狗狗心意相通。在这个过程中，最好不要有任何食物奖励，因为食物会让狗狗变得兴奋，而不是放松。

② 将大脑的能量用意念联系在一起。将瑜伽垫和平静联系起来。让狗狗也到瑜伽垫上来，你们一起安静地坐在上面。

③ 释放并吸收疗愈能量。狗狗瑜伽倡导与其他生物的契合与联系，而狗狗属群居动物，这种运动符合它们的天性。

④ 集中冥想你和狗狗之间的爱。狗狗瑜伽教会我们与狗狗同在，同时也鼓励我们关注当下，更加留意生活的各个方面，更有爱心。

训练小贴士

在瑜伽练习过程中，最好不要有食物奖励，因为食物会让狗狗变得兴奋，而不是放松。天性活泼的狗狗可能需要多练习几次才能进入状态。

训练器材

瑜伽垫，起到缓冲和防滑的作用。

训练拓展

按摩

（见 48 页）

跨栏

跨栏最初是一种马术运动，现在也用来对狗狗进行步幅训练以及跳跃训练。

训练技能

锻炼协调性、后肢控制意识、平衡性、专注力和跳跃能力。面对这些栏杆，狗狗就得思考它们的脚要往哪里迈，以及下一步要怎么做。

训练成果

敏捷赛

跨栏训练可以帮助狗狗调整跨跳的步幅和速度。有些狗狗的后脚会碰到栏杆，通过训练还能改善它们的腿部动作。

外形展示赛

经过跨栏训练以后，狗狗的步幅会更大，动作会更加舒展，后肢也会更加稳定，因此在行进过程中，整个步态会更加干净优美。

训练方法：

1 **腿部动作练习**。在地上平行摆放 8 根杆，每两根杆之间宽窄不一，带狗狗从上面走过去。狗狗的前脚可能会避开这些杆，但后脚就有可能踩到。带狗狗走个来回，并且让它在你两侧都试一下。每轮做 5 ~ 10 次，连做 5 天。

2 **节奏练习**。接下来，将杆抬高，并且相互之间的距离相等（见"训练器材"）。带狗狗慢慢地跑过去。我们不需要它跳过这些杆，只要迈过去就行。等它学会以后，可以加快速度。

3 **加大步幅练习**。将杆之间的距离拉远一点，大约为狗狗马肩隆高度（肩高）的 1.5 倍。带狗狗快步跑过去。

4 **16 根杆练习**。每天带狗狗跑 1 ~ 2 轮，每轮跑 10 ~ 15 次。

训练小贴士	训练器材	训练拓展
不要给它食物奖励，不然会分散狗狗的精力，影响它思考自己的腿部动作。	杆的离地高度应该是狗狗跗关节（后踝关节）高度的一半。让杆的高度略有差异，这样狗狗就要仔细看好每一根杆。杆之间的距离应该与狗狗的肩高相同。	**走梯子** （见 54 页）

马肩隆

跗关节

走梯子

前脚还好说，可有时就忘了后脚该往哪里迈了。

很多狗狗意识不到自己还长着后腿——他们行动时只靠头部带动，其他部位只是跟着罢了。走梯子训练教会狗狗控制自己的四肢。

训练技能

锻炼协调性、后肢控制意识、平衡性、专注力和跳跃能力。

训练成果

搜救赛

搜救犬在坍塌的建筑物和废墟上行进时，需要灵活运用自己的后肢，梯子训练就能达到这个目的。

敏捷赛

梯子训练能锻炼狗狗过障碍的协调性，例如走跷跷板和独木桥时，狗狗必须能够大胆迈步，快速而准确地落脚。如果狗狗不知道该往哪里踩，那就可以通过梯子训练来让它们学会控制四肢，小步前进。

训练方法：

1 把梯子靠在墙边，防止狗狗从侧面绕过去。用靠近狗狗的手将牵引绳放短。另一只手拿几块零食，举到梯子横杆上面的位置（手要放低，否则狗狗就看不到该往哪里走了）。

2 诱导狗狗往前走。走过 2 ~ 3 根横杆后，给它一块零食（拿低一点，要靠近横杆）。然后再拿一块继续诱导它前进。

3 转身，换手，狗狗现在来到了你的另一侧，然后你们再走一次。

4 等狗狗适应了以后，加快速度。然后把梯子从墙边挪开，重新开始。

训练小贴士

有些狗狗一开始会不喜欢这个游戏，甚至不愿意站到横杆中间去，不要着急，给它一些时间。假如狗狗出现躲闪、扭动或者跳跃的反应，那就放慢练习的速度。

训练器材

梯子的长度约为 2 米，横杆间隔 30 厘米，这对任意体型的狗狗都比较适用。梯子要有腿架，离地高度约为几厘米或十几厘米，如果游戏对象是小狗、幼犬，或者是进行初始训练，那就可以把腿架拆掉，把梯子放低。

训练拓展

跨栏
（见 52 页）

跳杆
（见 90 页）

2×2 波浪形绕杆

狗狗可以在数根标杆间沿波浪形前进，就像障碍滑雪一样。目前大多数顶级训练员都采用 2×2 波浪形绕杆教学法。

训练技能

锻炼协调性、敏捷性、后肢控制意识和专注力。

训练成果

敏捷赛

在敏捷赛中，绕杆最具挑战性，狗狗要在一排标杆中间绕进绕出，完成整个赛程。

训练方法:

1　先从两根标杆练起。设法让狗狗从两杆之间穿过，例如用手指明方向、用牵引绳牵过去，或者从标杆旁边跑过。但不要用食物诱惑它。

2　当它穿过去时，在它面前扔出一个玩具（或者食物玩具）。这是在教它继续前进，而不是回头看你。

3　只要狗狗掌握了穿杆的技巧，就可以多加几根杆了。

4　现在试着让狗狗从标杆的一角绕起。在敏捷赛中，狗狗开始绕杆时，第一根杆要在它的左肩。

训练小贴士	训练器材	训练拓展

当狗狗学会穿绕两根杆以后，再加两根杆，两组标杆要在同一直线上，且距离约为 4.6 米。让狗狗先穿过第一组，再穿过第二组。逐渐缩小两组杆之间的距离。

标杆高度约为 90 厘米，间隔距离在 51 ~ 56 厘米。可以将 PVC 塑料管的一头削尖，插到草地上。如果在室内，可以选用高一点的圆锥形物体，或者疏通马桶的皮搋子。

绕桶
（见 128 页）

踩平衡盘

"踩"是一项基本技能。在这个游戏中，我们可以用充气的平衡盘来锻炼狗狗的平衡能力。

训练技能

锻炼平衡性和协调性。

训练成果

身体康复

我们运用平衡盘对狗狗进行缓和的柔韧性和负重训练，这种训练对年迈的狗狗，以及受伤康复的狗狗都很有好处。

基本技能

"踩"是一个基本动作，是学习其他复杂技巧的敲门砖，例如踩在高处（见60页）、响声游戏（见10页），以及走向"目标垫"（见118页）等。

训练方法：

1　把零食拿到狗狗鼻子旁边，引起它的注意。

2　慢慢将零食移到平衡盘上方，诱导狗狗把前爪放上去。手不要移动太快，否则狗狗有可能从平衡盘上跳过去。

3　只要狗狗的前爪一迈上平衡盘，就把零食给它。手里多拿几块零食，这样会更方便。在它吃掉一块以后，你可以再拿一块给它闻或舔，以这种方式让它保持在位置上。

4　接下来要增加难度，诱导狗狗走过平衡盘，让它的前脚从平衡盘上下来，后脚踩上去。

训练小贴士

只要几分钟，大部分狗狗就会在零食的诱惑下走上平衡盘。如果狗狗做得好，就把手藏到背后几秒钟，然后再伸出来给它零食。只有当狗狗走到正确位置，即前脚踩上平衡盘时，才能给它零食。

训练器材

在这个游戏中，可以使用任何低矮、稳固的物体。如果是充气的平衡盘，对狗狗来说挑战难度更大。

训练拓展

踩在高处
(见 60 页)

滑板
(见 64 页)

踩在高处

这也是一项基本技能，狗狗要把前脚踩到某个物体上，同时利用后脚绕着物体转圈。

训练技能

提高后肢控制意识和协调性。

训练成果

基本技能

踩板凳游戏教会狗狗关注自己后脚的踩踏位置，并增强其臀部和身体两侧的力量。这种练习通常适用于敏捷赛和自由舞蹈赛的训练当中。

服从赛 / 拉力服从赛

当训练员绕着板凳转圈时，狗狗也要学着转动它的身体，并在训练员的左侧脚跟处找到自己正确的位置。

训练方法：

1　把一块零食拿到狗狗鼻子旁边，然后慢慢移到板凳上方。狗狗就会在板凳周围绕来绕去，或者直接跳过去。继续缓慢地移动零食，直到狗狗想到把前爪迈上板凳为止。

2　只要它的前爪一放在板凳上，就马上把零食给它。如果它的爪子能一直放在板凳上，就再给它吃一点其他的零食。

3　看你能不能让狗狗用后腿绕着板凳转。一手把零食放在狗狗鼻子前，另一手轻轻地向侧面推它。只要看到它横跨后腿移动，就给它零食。

4　慢慢试着让狗狗走完一圈。

训练小贴士	训练器材	训练拓展
狗狗一开始会显得很笨拙，不过应该很快就能掌握要领。重要的是，你一定要在狗狗爪子放在板凳上的时候给它零食，不要等它拿下来再给它。如果它下了板凳，就诱导它再踩上去。	板凳直径大约 30 厘米左右，离地高度应为十几厘米。可以用板砖、猫砂盆、倒置的花盆、电话簿或其他结实的东西做个简易的板凳。	**两脚在上，两脚在下** (见 62 页) **滚花生球** (见 84 页)

两脚在上，两脚在下

教会狗狗将两条后腿站到台阶上，提高它的后肢控制意识。

训练技能

提高后肢控制意识和协调性。

训练成果

敏捷赛

　　敏捷赛中包括倾斜障碍（或者"触地障碍"），例如跷跷板。狗狗从上面下来的时候，要学着在最底部停下来，前脚着地，后脚站在障碍上。训练员称之为"两脚在上，两脚在下"。

自由舞蹈赛

　　参赛狗狗要学会从训练员身边向后退。其训练方法就是让狗狗把后腿站到台阶上，然后逐渐拉大台阶和训练员之间的距离。

训练方法：

1　把台阶靠在墙边，让狗狗没法乱跑。首先，把狗狗直接带到台阶前面。手握零食放到狗狗鼻前，然后慢慢移向它的后腿。用身体挡住狗狗，别让它往一边转。

2　为了得到零食，狗狗会稍稍下蹲，最终只能后退。只要它的一只脚碰到台阶，就马上说："好！"并给予它零食奖励。

3　等它学会以后，尝试让它两只后脚都踩到台阶上，然后再夸它："好！"并给它零食。

4　最后，把双手背到身后，用身体把狗狗推挤到台阶上。在它后脚迈上台阶的那一刻，说："好！"并从背后拿出零食给它。

训练小贴士	训练器材	训练拓展
这项练习对狗狗来说有点特别，并且这种协调性并不常用。刚开始的时候，狗狗可能会没头没脑地胡乱扭动。你要仔细地看，确保它一只脚踩上台阶的时候立马给予奖励。	可以利用单独的台阶、楼梯、敏捷赛里的触地障碍、矮一点的板凳或者砖块。	爬梯子 （见 66 页） 跷跷板 （见 74 页）

滑板

有些狗狗（特别是斗牛犬和斗牛梗）超爱滑板。试着与狗狗玩一玩，说不定它是天生的滑板选手！

训练技能

锻炼平衡性、协调性，以及后肢控制意识，同时能让狗狗熟悉奇怪的响声，处变不惊。

训练成果

运动

有些狗狗特别喜欢滑板，自己能玩很长时间。

可爱的把戏

只要没有别的事情，看到狗狗玩滑板，任何人都一定会忍俊不禁。

训练方法：

1　起初，狗狗会惧怕滑板发出的声音，这很正常。所以你可以和狗狗到地毯或草坪上玩，这样声音会小一点，速度也会慢一点。在滑板上放几块零食，鼓励狗狗去找。拿一块零食，诱导它把前爪踩到滑板上（参考"踩平衡盘"，见 58 页）。

2　在狗狗面前，把滑板来回滑动几下。如果它往前凑，你就往远处推一下滑板，就像猎物跑开一样。狗狗会去追吗？要是它追上了，尤其是踩上去了，就非常兴奋地夸奖它！

3　把滑板拿到停车场，你先上去滑一下。召唤狗狗，让它来追你。这会激发它追逐猎物的斗志。

4　从你面前把滑板推开，并跑上去追赶。大声招呼狗狗，让它变得兴奋，也跟着一起来！

训练小贴士	训练器材	训练拓展
有些狗狗天生就会追逐滑板，追上以后就会跳上去，并且还经常啃咬滑板。很少有狗狗第一次玩就喜欢上滑板，大部分至少需要几周的时间来熟悉滑板，并逐渐爱上这个游戏。	滑板要尽量找大号的。大型犬则需要那种特别长的（例如超大型的冲浪板）。你也可以自己做一个，在泡沫板或浮板下面装上脚轮就可以了。	平衡板 （见 80 页） 冲浪趴板 （见 82 页）

爬梯子

前爪的动作很简单，可用后爪去踩横杆就没那么容易了！

训练技能
提高协调性，锻炼后肢控制意识，增强体能和自信心。

训练成果

搜救赛 / K-9 警犬
搜救犬必须具备爬梯子的能力。这样在遇到复杂地形的时候，它就能顺着训练员搭的梯子爬进去。

训练方法：

1　手里拿几块零食，让狗狗闻一闻。慢慢把手举到梯子的横杆处。注意观察狗狗的前爪。只要它的一只爪子碰到梯子横杆，马上说："好！"并给它一块零食。不过就算它没有这样做，你可能偶尔也需要给它一块零食，否则它就没兴趣再玩了。

2　继续引导它抬头。最麻烦的是帮助狗狗第一次把后爪踩到横杆上。若它非常吃力地在寻找横杆，你可以用另一只手引导它找到正确的位置。

3　继续引导它往上走。用另一只手护住它的身体，以免它摔下来。

4　在梯子顶端放个超大块的零食作为奖励。

训练小贴士	训练器材	训练拓展
每次训练不要超过 5 分钟，因为这项练习对狗狗来说，既费神又费力。下梯子的时候，一定要把它抱下来，千万别让它跳下来，否则它很容易受伤。	在执行搜救任务时，所用的梯子必须有 1.8 ~ 2.4 米高，横杆是扁平的，并且呈 45° 角固定。横杆上有防滑带，从而增加摩擦力。	**走梯子** *(见 54 页)*

爬坡

一开始，狗狗可能会对爬坡产生恐惧，不过只要稍加帮助，它很快就能灵活地爬上爬下了。

训练技能
增强平衡性、协调性和自信心。

训练成果

敏捷赛
在敏捷赛中，独木桥的一端会是一段坡道。A形架则包括两个很陡的斜坡。

老龄犬
狗狗如果年纪大了，很可能要靠坡道上下车，或者爬上家具。提前教会它这项技巧，以便不时之需。

搜救赛
搜救犬必须能够爬上宽30厘米、高90厘米的坡道。

人家还小，只能爬自己的小斜坡。

训练方法：

1　把坡道搭在扶手椅或沙发上，或者靠在墙上，一定要稳固。在上面放上一排零食（例如一点花生酱或者熟肉片，它们不会往下滑），间隔距离不能太大。你站到坡道旁边，防止狗狗从侧面跳下来。将第一块零食指给它看。

2　狗狗爬到一半的时候，可能很想跳下去。不能允许它这么做，因为这样很危险，而且你也不希望它养成这种坏习惯。如果它看上去很紧张，就把它抱下来，放在地上。

3　不停地沿坡道放零食，直到狗狗走完全程。当它爬到坡道顶端的时候，给它一块大大的狗狗饼干！

4　一旦狗狗掌握了爬坡技巧，重复刚才的过程，教它再爬下去。它很可能想从边上跳下来，所以在坡道底端放上大块的零食，并指给它看看。

训练小贴士	训练器材	训练拓展
狗狗害怕坡道，就像害怕很多其他物体一样，所以你不能强制它做一些让它感觉不舒服的事情，这只会增加它的恐惧，这一点很重要。要想帮它克服恐惧，最快的办法就是让它按照自己的意愿来探索这个物体，实在不行就暂时放弃。	宠物坡道现已广泛使用，上面有防滑层，能帮助狗狗安全上下车。你可以找一块木板，并把地毯或防滑带固定在上面。	平衡木 （见 70 页） 跷跷板 （见 74 页）

平衡木

主人说我手脚并用。

教会狗狗在狭窄的木板上行走。

训练技能

增强平衡性、协调性、自信心和专注力。

训练成果

敏捷赛

平衡木类似于离地的独木桥，也是跷跷板训练的基础。

搜救赛 / K-9 警犬

搜救犬必须能够通过宽 30 厘米、长 2.4 米、离地高度 61 ~ 91 厘米的横梁，这是其评估项目之一。

训练方法：

1　将平衡木板搭建稳固，高度在狗狗的肘关节和肩部之间。木板要靠在墙上，防止狗狗跳下来。手里拿上几块零食，并且先用一块诱导狗狗走上木板一头。它一上去，就把零食给它。

2　再拿一块零食往前移动，吸引狗狗跟着走。手要放低，不要挡住狗狗视线，让它仍然能够看到木板。用你的身体挡在一侧，以防狗狗跳下来（身体要靠近它，但不要碰到它）。每走几步，就给它一块零食。

3　每一次都要让狗狗走完全程，从另一头结束，而不能中途跳下来，要帮助狗狗养成这种习惯。这样你才能保证它以正确的方法结束训练，并且降低受伤的风险。

4　多练习几次后，训练过程中就不要再给它零食了，只在终点给它奖励即可。

训练小贴士	训练器材	训练拓展
练习一段时间后，可以换成更窄的木板。不过木板的宽度要逐渐缩小，每次缩小 5 厘米左右，否则狗狗就不知道怎么走了。	将木板稳稳搭在两块板砖或两个板条箱上，这样，一根平衡木就搭建好了。木板上可以粘地毯、防滑带或者刷防滑漆，以增加摩擦力。将 6 块板砖排成直线，或者利用花园里低矮的围墙、野餐用的长凳，它们都可以临时充当平衡木板。	走双杠 （木杠／钢丝） *（见 72 页）*

走双杠（木板／钢丝）

训练狗狗在两块分开的长条木板上行走，挑战狗狗的协调性。

训练技能

增强平衡性、协调性、自信心和专注力。

训练成果

马戏

走钢丝是一个传统的犬类马戏项目。一开始用两块长条木板，后来换成了两条拉直的拉索。

训练方法：

1 首先，教会狗狗在平衡木上行走（见 70 页）。接下来，将平衡木换成两块 5 厘米 x 10 厘米的长条木板。先把两块木板横向牢牢叠放在一起，看起来就像一块。让狗狗走过木板，到达终点时给予奖励。

2 将两块木板分开，呈"V"字型，"起点"仍然叠在一起，"终点"分开 5 厘米的距离。当变成"V"字型时，狗狗就会不断地低头查看，不知道脚该往哪里踩。

3 增大"V"字型的角度，让"终点"再分开一些。

4 最后，将两块木板平行摆放，间隔距离与狗狗的肩部同宽。

训练小贴士	训练器材	训练拓展
如果狗狗摔倒了，不要在它害怕的时候马上结束。让它做一些简单的动作，例如只把前爪踩到木板上，让它获得小小的成就感，然后再结束训练。	长条木板长约 2.4 米、宽 10 厘米、高 5 厘米。将其平行摆放，并固定在木箱上。木板上要有防滑带，或者涂防滑漆。木板的离地高度不能超过狗狗的腋下高度，因为狗狗有可能会滑倒，并跨坐在木板上。	爬梯子 （见 66 页） 平衡球 （见 88 页）

跷跷板

哈哈！我就是灵犬莱西！你是怎么看出来的？

你的平衡性怎么样？狗狗走到跷跷板中间的时候，跷跷板就会向另一端倾斜。

训练技能

增强平衡性、协调性、自信心和专注力。

训练成果

敏捷赛

跷跷板是敏捷赛中的一项"触地障碍"。在过"触地障碍"时，狗狗必须走完全程，到达终点（黄色区域），并且中途不能跳下去。

搜救赛

将长5米、宽30厘米的跷跷板搭在一个大桶上，搜救犬必须顺利通过。

训练方法：

1 可以先练习平衡板（见 80 页）、响声游戏（见 10 页）、爬坡（见 68 页）和平衡木（见 70 页）。如果跷跷板的支点处可以调节，就把高度调到最低。如果调节不了，就在跷跷板的一端或两端下面放个小箱子。用一块零食诱导狗狗走上跷跷板。

2 在狗狗前方，顺着跷跷板放上一些零食。在靠近中间的位置，将零食摆得密集一些，因为当跷跷板转动的时候，你一定希望狗狗走得慢一点。如果狗狗中途跳下，就把它带到起点位置重新开始，不要从半路上接着走。

3 一定要在跷跷板的终点位置放上一块零食，让狗狗在走完的时候养成慢慢下来的习惯，而不是往下跳（这很危险）。

4 逐渐调高支点，或降低箱子的高度。训练过程中，你要走在狗狗旁边，这样狗狗会比较专注，也能防止它中途跳下来。

训练小贴士	训练器材	训练拓展
狗狗一开始会害怕跷跷板，这很正常。甚至它们走过之后，有时候还会感到害怕。不要强制狗狗去做会让它紧张不安的事情，因为这只会增加它的恐惧。别着急，多拿一些好吃的，慢慢来。	在标准的敏捷赛中，跷跷板的长度为 3.7 米，宽度为 30 厘米，支点高度为 61 厘米。跷跷板表面有防滑颗粒和防滑漆。	两脚在上，两脚在下 (见 62 页) 平衡木 (见 70 页)

软球直立

脚趾的感觉好奇妙。

让狗狗四只爪子站到软球上保持平衡，练习"直立"姿态。

训练技能

锻炼平衡性、协调性、后肢控制意识和专注力。

训练成果

外形展示赛

在外形展示赛中，狗狗必须要"直立"，即腿部与地面成直角站立，这样评委才能对其身体结构进行评判。在这项训练中，软球主要用来帮助狗狗把爪子放到正确的位置。

训练方法：

1 抬起狗狗的前胸，让它前爪离地，然后慢慢放下。它的两只前爪会在着地时自然分开，所以软球也要有一定的距离。

2 抓住狗狗飞节（腿关节）以上的部位，抬起一只后爪调整位置，另一只后爪也是一样。

3 狗狗的后腿从飞节往下要与地面垂直。

4 用一块零食吸引狗狗的注意力，让它保持不动。

训练小贴士	训练器材	训练拓展
这项练习看上去容易做起来难！如果狗狗扭动反抗，就先从两只前爪练起。练习几次之后，狗狗就能自己把爪子放上去了！	可以用 4 块板砖或几本厚书来代替软球，让狗狗练习直立。	**圈状平衡垫** *(见 78 页)*

圈状平衡垫

只是站在这儿就行了？不需要跳下去或者做点别的吗？

当狗狗转移身体重心的时候，它要努力保持平衡，肌肉也会变得紧张。这项练习并不剧烈，能锻炼狗狗的平衡能力，有助于修复受伤的关节和肌肉。

训练技能

增强平衡性、协调性、自信心和专注力。

训练成果

健身与康复

很多老龄或受伤的狗狗在进行核心肌群训练和负重训练治疗时，会用到不同形状和尺寸的充气软垫。

当它转移重心时，全身肌肉会因为肢体的动作和压力，得到缓慢的拉伸。

训练方法：

1 用膝盖压住平衡垫。手里拿几块零食放到狗狗鼻前，并慢慢移到平衡垫上方。为了够到食物，狗狗会把前爪放到平衡垫上。给它一块零食，再让它嗅你手里的其他零食，使它保持这个姿势不变。

2 狗狗会去舔咬你手里的零食，这时将手慢慢拉远，离开平衡垫，引导它跟着你的手向前爬。

3 当狗狗站上平衡垫的时候，多给它一点零食。另一只手放到狗狗身边，随时准备扶住它，以防它摔倒。

4 将零食慢慢地移向左右两边，或者画圈移动，引导狗狗跟着走。当它改变身体重心，随着零食走动的时候，它是需要保持平衡的。

训练小贴士

有些狗狗起初可能会犹豫不前，不过大多数会逐渐喜欢上这个游戏。不玩的时候，你要把平衡垫收起来，以免狗狗自己跳上去！

训练器材

狗狗专用的平衡垫是 PVC 材质的，结实耐用，不会被狗狗的指甲抓破。平衡垫正面通常会有防滑颗粒。

训练拓展

平衡球
(见 88 页)

平衡板

平衡板练习能让狗狗在不稳定的表面上更具平衡性，更有自信心。

训练技能

锻炼在不稳定表面上行动的平衡性、协调性和自信心，提高专注力。

训练成果

敏捷赛

这是一项基本技能，是狗狗进行跷跷板训练的第一步。

搜救赛

在搜救犬测试中，面对摇摆不定的表面，例如平衡板，狗狗不能退缩，必须愿意走上去。

自信心

某些狗狗或者幼犬非常胆小，带它们做一些简单的训练，能帮助它们树立信心。而平衡板练习就能让狗狗学会控制自己的身体。

看我走得多快！

训练方法：

1　将平衡板放到草地上或地毯上，降低它撞击地面的声音，并在两端下方垫上砖块或泡沫塑料条，以起到固定的作用。将狗狗的食盘放到平衡板上，让它熟悉这个东西。用一块零食将狗狗引上平衡板，只要它把一只爪子踩上去，就给它零食奖励。

2　将平衡板两端下面的东西拿走。踩住平衡板的一端，使它稳定一些。这种小小的变化会让狗狗知道平衡板是不稳定的，并且它能控制板子的移动。再次用零食诱导狗狗上平衡板。

3　在平衡板上放些零食，并指给狗狗看，鼓励它走上平衡板去吃零食。

4　练习几次之后，只用手指向平衡板，看狗狗会不会踩上去。如果它上去了，就从口袋里拿一块零食给它。

训练器材

板身可以采用 2 厘米厚的胶合板。**平衡板**只会在一个方向上摆动（就像跷跷板一样），其板长 1 米，宽 56 厘米，中间固定着一根塑料管。**晃动板**呈方形或圆形，尺寸 1 米 ~ 1.2 米，可以万向转动，其板身中间用长螺丝，固定着一个垫球。**布加板**（如图）则在板身下面多加了一个 5 厘米 ×10 厘米的小方框，并在方框里装上一个球。

训练拓展

跷跷板
（见 74 页）

冲浪趴板
（见 82 页）

冲浪趴板

有些狗狗喜欢从池边跳到水里的冲浪趴板上，它们觉得这很好玩。这个玩具在水里摇摇晃晃的，学会控制它，就能帮助狗狗树立自信，提高平衡能力。

训练技能

让狗狗不再怕水，锻炼平衡性、协调性和专注力。

训练成果

不怕水 / 乘船

在玩趴板的过程中，狗狗会感知水的流动性，掌握了这项技巧，狗狗就能陪你乘船或坐皮划艇了。

犬类冲浪

狗狗也有冲浪比赛，它们要站在冲浪板上，划过波浪缓和的水面到达岸边。

训练方法：

① 狗狗不熟悉这个玩具，自然会产生恐惧。先不要把趴板放入水中，让狗狗在岸上了解趴板。用一块零食将狗狗引上趴板，当它把一只或几只爪子踩上去的时候，就给它零食奖励。

② 浅水池里不要放水，把趴板放进去。再次用一块零食诱导狗狗踏进去。

③ 向浅水池里放水，水深几厘米即可，再重复上述步骤。如果狗狗不太敢动，试试浅水觅食游戏（见 1 页），这会增加它在水里的自信。

④ 往浅水池里多加点水。鼓励狗狗在趴板上跳一跳，溅起一些水花，以此来增加它的自信心。

训练小贴士	训练器材	训练拓展
有些狗狗根本不愿意把爪子弄湿，所以要选择对它特别有诱惑力的零食，例如鸡肉、牛排或者奶酪。不要强行把狗狗带进或抱进水里，这会让它更害怕。最好是慢慢来，狗狗可能需要练习几次之后才会把第一只爪子迈进水里。	趴板（也叫冲浪板、踢水板或泡沫板）的尺寸不同，浮力大小也不一样。对狗狗来说，大一点的趴板玩起来更简单。	**圈状平衡垫** *（见 78 页）*　**平衡板** *（见 80 页）*

滚花生球

在这个游戏里，狗狗要用前爪滚动一个花生形状的充气软抗力球。

训练技能

增强平衡性、协调性和体能。

训练成果

健身与康复

很多受伤的狗狗在进行核心肌群训练和负重训练治疗时，会用到不同形状的充气抗力球。当它转移重心时，全身肌肉会因为肢体的动作和压力而得到缓慢的拉伸。

训练方法：

1 用你的膝盖和脚稳住花生形状的抗力球。手里拿几块零食放到狗狗鼻前，并慢慢移到花生球上方。为了够到零食，狗狗会把前爪放到花生球上。

2 继续拿零食引诱它，让它保持注意力。你踩在花生球上面的脚保持不动，另一只脚后撤一步，准备滚动花生球。

3 用脚把花生球慢慢滚向自己。只要狗狗紧跟着调整自己的一只前爪，就马上说："好！"并给它食物奖励。后退一步，再滚一次。

4 狗狗摸到窍门以后，就会逐渐地自己来滚花生球了，而你可以站到它旁边（还能用手帮它滚球）。

训练小贴士	训练器材	训练拓展
狗狗很快就能把前爪放到花生球上，不过滚球这个动作对协调性和逻辑能力要求很高，对狗狗来说更要难一些。要随时注意，帮助狗狗控制好球，并且保持稳定的姿势，这对它的体能训练是很有好处的。	狗狗训练用的抗力球有很多型号。花生形状的抗力球只能前后滚动，对狗狗来说更容易掌握。	**滚筒** *(见86页)* **平衡球** *(见88页)*

滚筒

看我这样就能滚起来……

滚筒对狗狗来说很有挑战性，因为它不仅要保持平衡，还要时刻小心自己的脚。

训练技能

锻炼平衡性、协调性、体能和专注力。

训练成果

马戏

滚筒是一个传统的犬类马戏项目。

护卫犬

在护卫犬的训练和比赛中，狗狗必须要爬过前方道路上设置的桶状障碍。

搜救赛 / K-9 警犬

将3只桶堆放成金字塔状，狗狗从上面爬过去，这是训练项目之一。

猎犬

猎犬训练员用桶让狗狗练习"定"（停下并保持不动）。训练员将桶稳住，狗狗站在桶上面。如果狗狗乱动或者注意力不集中，训练员就会来回摇晃桶。通过这种方法，狗狗就会学着保持专注，不乱动。

训练方法：

1　把桶靠在墙上，或者用手扶住它。手拿一块零食放在桶上方，诱导狗狗把前爪放到桶上。一旦它做到了，就给它一块零食，并且每隔几秒给它一块，用这种方法鼓励它不要下来。

2　狗狗有了自信以后，一只手拿零食放到狗狗面前吸引它的注意，另一只手把桶往狗狗相反的方向滚动几厘米。它的爪子每动一次，就说："好！"并奖励给它一块零食。

3　你站在桶的一侧，即狗狗对面，并用膝盖或脚把桶稳住。多拿几块零食，诱导狗狗到桶上来。为了不摔下去，它有可能会压在你手上，这没问题。

4　把桶向后滚动几厘米，动作一定要慢，狗狗就不得不往前迈步。手拿零食放在狗狗鼻前，每隔几秒就给它一块。

训练小贴士	训练器材	训练拓展
对任何狗狗来说，这项技巧都是很有难度的，所以要多表扬它，多奖励它，别让它失去兴趣。不要强行把狗狗抱到桶里，因为如果它知道自己能跳下来，它可能就会更有安全感一些。让狗狗习惯桶，或许需要几周或几个月的时间。	可以用208升的塑料桶。表面铺上橡胶垫或地毯，用胶粘住，这样比较牢固。边缘处用管道胶带封好。如果狗狗体型较小，也可以用小号塑料桶。	**滚花生球** *(见84页)* **平衡球** *(见88页)*

平衡球

平衡球训练能锻炼狗狗的核心肌群力量、肌肉张力、平衡能力、动作幅度以及灵活性。

训练技能

增强平衡性、体能、协调性和专注力。

训练成果

体育竞技

竞技犬有可能出现腰背部疾病和肌肉拉伤，核心肌群训练对它们很有好处。参加敏捷赛、诱导模拟狩猎、跳水比赛、放牧比赛的狗狗选手往往都会进行球类训练。

老龄犬

狗狗随着年龄的增长，臀部和后腰会最早出现问题。对于这些部位的肌肉来说，球类运动是一种有效而安全的锻炼方式，能够减少和预防疾病的产生。

身体康复 / 物理治疗

如果狗狗受过伤或做过手术，球类运动是一种物理疗法，有利于狗狗身体康复。因为这项运动能让狗狗的肢体得到伸展，肌肉得到强化，而整个过程又比较缓和。

训练方法：

1　把平衡球扶稳，或者放到一个底座上。将一块零食从狗狗鼻前移到球上方，诱导它把前爪拿到球上来。手拿零食，继续让狗狗去闻、去咬，从而使它保持现有的姿势。轻轻地来回滚球，狗狗就得用后腿来保持平衡。

2　绕球走一圈，带着狗狗练习侧向跨步，绕球旋转（参见"踩在高处"，60 页）。

3　撤掉底座，球会在狗狗身下晃动。鼓励狗狗再试一试，如果它表现得很有自信，就夸奖它，并给予零食奖励。

4　把球放到箱子里，或者绑到轮胎上，起到固定作用。诱导狗狗站到球上，保持几秒之后，给它一块零食，让它下来。

训练小贴士

只要狗狗意识到，玩球能得到奖励，它们通常就会兴高采烈地在上面跳来跳去！所以，如果狗狗年迈或者受过伤，要注意把握好节奏，不要让它们的动作过于剧烈。

训练器材

犬类平衡球（又称健身球或康复球）要比人用的那种更结实一些，不会被狗狗的指甲划破。球的尺寸多种多样，球越大，气越足，狗狗越容易在上面保持平衡。

训练拓展

软球直立
（见 76 页）

滚花生球
（见 84 页）

跳杆

跳杆是一项基本跳跃技巧，在很多犬类竞技运动与活动中都会用到。

训练技能
增强跳跃能力、协调性和体能。

训练成果

敏捷赛
跳杆是敏捷赛中的主要障碍之一。

服从赛
服从赛的某些项目也需要狗狗进行跳杆和跳板练习，例如跳跃障碍衔取哑铃。

搜救赛
搜救犬在进行评估测试时，至少要能够跳过56厘米高的木头或木桶。

再高一点！我能行的！

训练方法：

1　将横杆贴着地面放在支架中间。牵着狗狗在支架中间走几次，然后变为慢跑。夸它几句，并给它一块零食，它就会很有兴趣。

2　调整横杆高度，要低一点，大约是狗狗肘部高度的一半。和狗狗一起跑到起跳的位置，并且语气兴奋地说："跳！"然后和它一起跳过横杆。每跳一次都要给它表扬和奖励。

3　逐渐增加横杆的高度，你尝试从支架旁边跑过，让狗狗自己跳过去。伸出手臂，示意狗狗到支架中间完成动作（就好像你手里牵着无形的绳子）。

4　尝试让狗狗离远一点，或者不要正对支架，教会它不管在哪里都能找到起跳位置。

训练小贴士	训练器材
当你从跳过横杆改为绕支架跑过的时候，狗狗有可能也想这么做。所以把支架靠在墙上，防止这种情况的发生。	可以用 PVC 塑料管和接头来搭建一个跳杆支架。支架上要安装杆托，一旦狗狗碰杆，横杆就会掉下来。不同的比赛项目和机构所规定的跳杆高度是不一样的。标准的跳杆高度应该相当于狗狗肩高的正负 5 厘米。

训练拓展
步幅
调节训练
(见 92 页)

步幅调节训练

这是一项定点练习，让狗狗学会判断距离，知道在适当的位置摆好姿势，准备起跳，最大限度地提高跳跃效率。

训练技能

锻炼跳跃技能、协调性和体能。

训练成果

敏捷赛

步幅调节训练教会狗狗根据距离来调整自己的动作。它们要学会寻找合适的起跳位置、转移重心，以及对角度和高度做出评估。经过步幅调节练习之后，狗狗就知道在跳跃之前应该摆出怎样的姿态，才能跳得最高。

飞球赛

步幅调节训练教会狗狗在靠近障碍的时候思考自己应该迈多大的步子。

跳水赛

参赛狗狗在跳水时，如果助跑不稳或者起跳的位置离跳台边缘太远，那这段距离就浪费了。而通过这项练习，狗狗就能学会判断距离并相应调整自己的步幅。

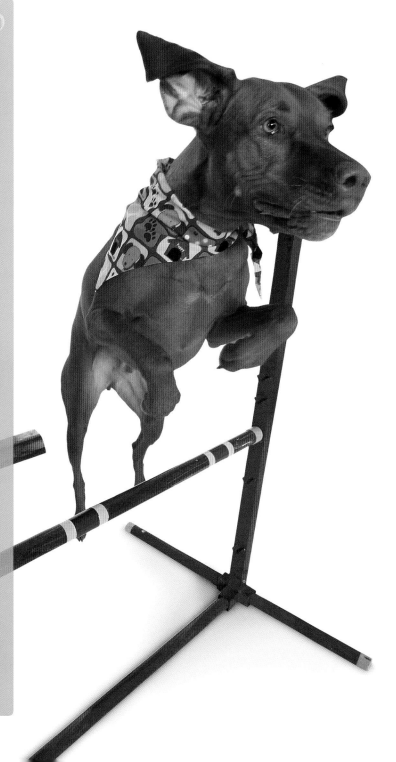

训练方法：

1 首先，教会狗狗跳杆（见 90 页）。用阻挡条定好起跳点和练习区域。让狗狗站到阻挡条正后方。你走过跳杆支架，把狗狗最喜欢的玩具扔在地上。这个玩具主要用来训练狗狗向目标前进的技能。

2 放开狗狗，让它跳过横杆。狗狗应该会做出弹跳的动作（只能触地一次）。弹跳的时候，狗狗的身体要缩到最大幅度（后腿弯曲并拢、背部放松成圆形，头部放低）。

3 重复几次之后，狗狗会自己摸到窍门，知道怎么才能成功地跳过去。如果狗狗一次跳过两个障碍，就把阻挡条后挪 8 厘米。

4 如果狗狗最后拿到了玩具，好好陪它玩一会，作为对它的奖励。

训练小贴士	训练器材	训练拓展
这项练习的目的是让狗狗掌握解决问题的技巧，不用重复太多次。每轮练习只做 3～4 次就可以了，每周最多练习 3 轮。	阻挡条宽 10～20 厘米，长 1 米，可以用塑料雨槽来代替。如果狗狗体型较小（例如喜乐蒂牧羊犬和牧师罗素梗），那阻挡条与跳杆支架的距离应为 1 米。如果狗狗体型中等（例如边境牧羊犬），该距离则为 1.5 米，若是大型犬，那就应该是 2 米。	连跳 (见 94 页)

连跳

这项练习将教会狗狗掌握连续跳跃的技巧（准备、起跳、再准备、再起跳）。每过一根跳杆，狗狗都要弹跳一次。

训练技能

锻炼跳跃技能、协调性，增强体能。

训练成果

飞球赛

经过连跳训练，飞球参赛狗狗就能以全速奔跑的方式跳过一系列障碍物，并且不会突然变速或被打乱步伐。

敏捷赛

连跳训练能让狗狗把握连跳的关键要素：路线、距离、适当的起跳位置、重心的转移以及角度和高度的判断，从而根据赛道状况来调整自己的动作。

训练方法：

1　向目标前进。首先，带狗狗进行步幅调节练习（见92页）。然后，沿直线摆放 3 ~ 5 个跳杆支架，使其间隔距离相等，并且在第一个支架前放上阻挡条。在距离最后一个支架两步远的地方放上狗狗的玩具（或者盛有食物的餐盘）。与狗狗一起站到阻挡条后面，让它向目标前进。

2　准备动作。第二次练习的时候，可以加上准备动作。敏捷赛对狗狗在起跑线上的准备动作是有要求的。让狗狗坐在阻挡条后面，你走到终点处。

3　让狗狗跳过所有障碍，跑向你的位置。如果它做到了，就给它奖励。

4　运动状态训练。训练时，你在旁边跑，狗狗就会跟着你跳跃障碍。带上奖励，陪着狗狗一起跑过这些障碍吧。

训练小贴士	训练器材	训练拓展
性格活泼的狗狗自控能力会差一些，可能无法完成所有的跳跃，中途可能就会乱了步调。每次练习只重复 3 次即可。	跳杆支架要呈直线摆放，间隔距离相等，且高度一致。如果是大型犬，跳杆之间的距离应为 1.5 ~ 1.8 米，高度应为 30 ~ 40 厘米。如果狗狗在两根跳杆之间多跑了一步，而没有完成跳跃，那就要缩短两根杆之间的距离。	跳台 （见16页） 双向绕杆 （见96页） 

双向绕杆教会狗狗完成跳杆并绕杆左右旋转。

训练技能

锻炼跳跃技能、协调性和方向感，增强体能。

训练成果

敏捷赛

要想以最快的速度完成敏捷赛程，狗狗就要提前两步开始思考。它不仅要学会跳跃障碍物，还要学会在着地时判断旋转的方向。

训练方法：

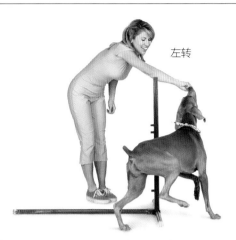

左转

左转

1 首先，教会狗狗跳杆（见 90 页）。把支架上的杆拆掉，只保留一根立杆。发出"左转"口令，用右手引导狗狗绕着立杆做逆时针旋转。狗狗转完一圈之后，给它奖励。发出"右转"口令，用左手引导狗狗做顺时针旋转。

2 把另一根立杆装上。后退，站到距离立杆十几厘米的地方。发出口令"左转"，让狗狗从你右边开始。用右臂指挥它（就好像在推它），把你的右肩转向支架，同时右脚向支架迈一步。

左转

右转

3 当狗狗转头走向你时，你向左跨一步，用左手给它奖励。

4 把横杆装上，高度要低一些，再来一次。发出"右转"指令，同时推左手，迈左脚。

训练小贴士
"左转"和"右转"要同时进行，交替训练。一定要在狗狗起跳之前发出口令，因为它一旦跳起来，落地的位置就已经确定了。

训练器材
可以用 PVC 塑料管和接头来搭建一个跳杆支架。支架上要安装杆托，如果狗狗不小心碰到了，横杆就会掉下来。

训练拓展

8 字跳
(见 98 页)

绕桶
(见 128 页)

8字跳

这项充满活力的训练并没有看上去那么难！狗狗会在你的方向提示下，沿 8 字型跳跃。

训练技能

锻炼跳跃技能、协调性和体能；练习方向感。

训练成果

敏捷赛

单次定向跳跃是敏捷性训练的一项基本技能。在敏捷赛中，8 字跳通常属于热身项目。这项训练教会狗狗遵照训练员的手势提示，完成方向性的动作。

训练方法：

右手，右脚

左手

1　首先，教会狗狗双向绕杆（见 96 页）。站在跳杆支架后面，让狗狗位于你的右侧。发出口令"跳！"（或"左转！"），向跳杆的左前方伸出右手。同时右脚向左前方迈出。

2　狗狗起跳之后，你要把脚收回。伸出左手手指，示意狗狗回到你的左侧。

左手，左脚

右手

3　发出口令"跳！"（或"右转！"），向跳杆的右前方伸出左手。同时左脚向右前方迈出。

4　狗狗起跳之后，你要把脚收回。伸出右手手指，示意狗狗回到你的右侧。

训练小贴士	训练器材	训练拓展
跟狗狗玩这个游戏之前，你可以自己先练习一下。假如训练员技巧娴熟，那么狗狗在第一次训练时就能完成指定动作。	可以用 PVC 塑料管和接头来搭建一个跳杆支架。支架上要安装杆托，如果狗狗不小心碰到了，横杆就会掉下来。	绕桶 （见 128 页）

激光

把激光打在地上或者墙上，让狗狗追着玩，这是一项十分有趣的室内游戏。

训练技能

锻炼追逐和狩猎能力、敏捷性和协调性。

训练成果

诱导模拟狩猎

追逐激光能够激发视觉性猎犬的本能，这种猎犬非常喜欢诱导模拟狩猎比赛。

训练方法

把激光打在地上或墙上，要不停地晃动，让光点像飞蛾或虫子那样飞来飞去。如果狗狗追上去，就让光点"跑开"，就像真正的虫子一样。

训练小贴士	训练器材	训练拓展
不要把光打在狗狗身上。有些狗狗对这个游戏非常着迷，甚至到了焦躁不安的程度。只要狗狗爱玩，并且适当，就没问题。	激光笔价格便宜，可随处购买。有些狗狗也会追逐比较集中的手电筒光束，不过，还是激光更具吸引力。	**遥控车** *(见101页)*

遥控车

遥控车就像一个活蹦乱跳的小动物，能让狗狗体验到追逐猎物的所有乐趣！

训练技能

锻炼狗狗的追逐和狩猎能力、敏捷性和协调性。

训练成果

诱导模拟狩猎

在诱导模拟狩猎比赛中，参赛狗狗要追逐被绳子拉着的动物毛皮或塑料袋。追逐遥控车的游戏与之类似，并且你还能更好地控制追逐目标。

训练方法

注意，别让狗狗被遥控车吓到。一开始，把遥控车开远点。不要让遥控车冲向狗狗，而是让它像真正的猎物一样，从狗狗身边跑开，这样会更有意思。让遥控车停下，等狗狗凑上去研究它的时候……把它开走！

训练小贴士

对于这个游戏，狗狗有可能喜欢，也有可能不喜欢。试一试，看看你的狗狗是否对它感兴趣。

训练器材

一开始，在遥控车后面系上几根丝带或条形毛皮，这会对狗狗更有诱惑力。

训练拓展

马鞭
(见 102 页)

马鞭

如果有毛茸茸的小东西从狗狗身边跑开，狗狗就会本能地追上去。这个游戏就是利用这种本能，让狗狗追逐系在马鞭上的诱饵。

训练技能

锻炼追逐和狩猎能力、敏捷性、协调性以及专注力。

训练成果

诱导模拟狩猎

如果狗狗要参加诱导模拟狩猎比赛，不管是幼犬还是成年犬，都可以先进行马鞭游戏训练。这个游戏能够提高狗狗的敏捷性、专注力和追逐诱饵的积极性。

飞盘赛

对于参加飞盘赛的狗狗来说，马鞭游戏有助于提高它们对于捕捉猎物的积极性。到了比赛的时候，这种积极性就会转化为驱使狗狗捕捉飞盘的动力。

我喜欢追逐毛茸茸的东西！

训练方法：

1　要想让狗狗对马鞭产生兴趣，你可以拿它在地面上扫一扫，不过要注意方式，要一边抖一边扫，而且一定要从狗狗身边往外扫。如果狗狗犹豫不前，就把马鞭停下，等狗狗靠近的时候，再让它抖动着跑开，就像受到惊吓的小动物一样。

2　用马鞭上的诱饵模仿一个想要躲避追捕的真正的猎物。要让狗狗感觉诱饵近在咫尺，却无法得手，从而最大限度地激发它对猎物的渴望。

3　当狗狗的狩猎热情达到顶点以后，就让它抓住诱饵。等它抓住的时候，轻轻拉动诱饵，先是小幅度地左右晃动（而不是前后晃动），然后可以突然用力拉一下，不过要小心，别拉过头了。

4　记住，一旦诱饵从狗狗嘴里掉出来，就重新变回了活生生的猎物，就要再次设法从狗狗身边逃跑了！

训练小贴士

狗狗的品种不同，对猎物的渴望程度就不同，对这个游戏的兴趣也有大有小。对于那些一开始不太情愿的狗狗，你可以在诱饵上绑一个会发出声音的物体或者食物袋，使诱饵更具诱惑力。

训练器材

马鞭（也叫练马绳），可以在农具用品店里买到。你也可以用柔韧的鞭子自己制作，鞭长大约 1.5 米，在马鞭末端绑上诱饵，可以是动物的毛皮、皮革制品或者羊毛编成的长条，也可以是塑料袋。

训练拓展

拔河
（见 110 页）

滚飞盘

对狗狗来说，这不但是个非常好玩的游戏，而且还能锻炼身体。它要学习的是抓住滚动中的飞盘，这要比接住空中的飞盘容易多了。

训练技能

锻炼追逐和狩猎技能以及协调性。

训练成果

飞盘赛

滚飞盘是狗狗学习接飞盘的第一步。

诱导模拟狩猎

追逐滚动的飞盘与追逐人造诱饵，所需技能是相同的。这个游戏能让你换个方式训练你的狗狗。

我最喜欢的游戏之一——追飞盘。我最喜欢的游戏之二——追网球。

训练方法：

1 向狗狗介绍这个有趣的新玩具，把飞盘抛起来玩，扔得远远的，或者使劲拽一拽。

2 把飞盘倒放在地上，快速旋转，引起狗狗的兴趣。

3 当狗狗表现出兴趣时，让飞盘变成"滚轮"——沿着飞盘边缘进行滚动。鼓励狗狗："抓住它！抓住它！"如果狗狗照做，就兴奋地表扬它。

4 一边拍手，一边唤回狗狗，鼓励它把飞盘捡回来。同时再拿一个飞盘，在它回来的时候，马上将新的飞盘扔出去。要是它没回来，不要去追赶它，只需转过身，不理它即可。

训练小贴士	训练器材	训练拓展
假如狗狗对飞盘不感兴趣，那就把飞盘翻过来，给狗狗当餐盘使用，以引起狗狗的注意。狗狗会逐渐把飞盘的样子和气味同食物联系在一起。	质地较硬的塑料飞盘会弄伤狗狗的嘴巴和牙齿。使用专门为犬类设计的飞盘，例如柔软的塑料、橡胶或帆布飞盘。	**接飞盘** *(见 106 页)*

接飞盘

对狗狗来说，飞盘会激发其内在追逐的天性，因为飞盘就像鸟儿一样，让狗狗总是抓不到。

训练技能

锻炼追逐和狩猎技能，增强协调性。

训练成果

飞盘赛

速度、敏捷性和协调性，都是飞盘运动中必不可少的特质。在某些形式的比赛中，飞盘会被快速地连续扔出，狗狗必须迅速做出反应，才能接住每一个飞盘。

训练方法：

1　首先，与狗狗练习滚飞盘（见 104 页）。训练场地不要太硬，否则狗狗容易滑倒（草多一点的地方比较好）。手持飞盘与地面平行，手指握住飞盘边缘内侧，食指微微伸开。

2　让狗狗站到你旁边，扔出飞盘，这样飞盘就是飞离狗狗的，而不是飞向狗狗的。扔飞盘的时候，肩膀要与飞盘的运动轨迹垂直，让飞盘从你身旁划过。甩动手腕，扔出飞盘。

3　如果狗狗有接飞盘的意图，就多多赞扬它，并再扔一个飞盘。如果它只是看着飞盘落地，那就重新跟它玩滚飞盘的游戏，调动它的积极性。

4　鼓励狗狗把之前扔出的飞盘捡回来，再拿一个相同的飞盘，并热切地向狗狗展示，同时忽略掉它嘴里叼的那个。狗狗放下第一个飞盘时，立马把第二个扔出去，如此一来，狗狗就会认为是它的行为促使你扔出第二个飞盘。

训练小贴士

狗狗跳跃时，应该四只爪子落地，而不是身体垂直落地（这样会压迫它们的脊椎和膝盖）。扔飞盘要求训练者也要有很高的技巧性，所以你要多多练习，次数应该是狗狗练习接飞盘次数的 3 倍。

训练器材

质地较硬的塑料飞盘会弄伤狗狗的嘴巴和牙齿。使用专门为犬类设计的飞盘，例如柔软的塑料、橡胶或帆布飞盘。

训练拓展

衔取
（见 130 页）

排球
（见 140 页）

拉滑板车

这项运动简单易学，可以让你和狗狗一起锻炼身体。

训练技能

增强体能和耐力。

训练准备

狗拉雪橇

拉滑板车类似于狗拉雪橇。可以在没有雪的地方进行，适合1～3只狗狗练习。这项运动对狗狗来说强度较大，对你来说强度适中。

训练方法：

1 在狗狗背带的牵引扣上挂上牵引绳。摆好狗狗的餐盘，在里面放上一些零食。热情高涨地对它说："出发！"这个口令的意思就是让它用力拉。

2 把牵引绳系到箱子上，重复上述步骤。箱子移动的声音有可能吓到狗狗，所以你要离它近一点，多给它一些鼓励。不要走在狗狗前面，因为上滑板车的时候，你的位置在狗狗后面。

3 最后，用滑板车进行练习。注意狗狗的牵引绳，不能太松，也不能缠到轮子下面。

4 一个滑板车最多由3只狗狗来拉即可。做这项运动时，最好选择气温凉爽的时候，而且狗狗会喜欢充满新鲜感和刺激感的野外环境。

训练小贴士

如果能跟其他狗狗竞争，狗狗会跑得更加兴奋。所以，叫上几个好朋友和他们的狗狗，一起去玩拉滑板车的游戏吧！

训练器材

专门为狗狗设计的滑板车，装有越野轮胎，框架也比较牢固。狗狗需要佩戴背带牵引绳，你要将牵引绳上的橡皮筋，拴到滑板车上。如果是两只狗狗，可以用双头牵引绳。主人要佩戴头盔、手套、太阳镜或护目镜，穿舒适的鞋，同时带上水、急救药品、手机或导航。

训练拓展

辅助
直立行走

（见112页）

拔河

很多狗狗非常喜欢和主人玩拔河游戏。它们一玩起来就会使出全身力气，很多训练员都会把这个游戏作为奖励狗狗的一种方式。

训练技能
增强体能。

训练成果

运动激励

有些犬类运动对体能要求比较高，例如敏捷赛、飞球比赛、跳水比赛、护卫犬比赛以及服从赛。在进行此类训练的时候，很多训练员都爱用咬绳玩具来奖励狗狗。要是狗狗喜欢拔河，我们就可以用这个游戏来奖励狗狗的优异表现。

谁也没我劲儿大！

训练方法：

1 选择一个长的咬绳玩具，质地要软，系上长条
状的毛皮、绒布，或者皮革。如果有能发声的
玩具或者食物袋子，那会让狗狗格外兴奋。

2 与狗狗一起玩玩具，并且把玩具从狗狗身边移
开，狗狗就会去追。把玩具扔向空中，再接住，
或者把玩具扔到院子外面，让狗狗去追。

3 等狗狗有了兴致，就让它咬住玩具，并发出口
令："拉！"轻轻往左右两边拽一拽（不是前后
拽），偶尔可以用力拉一下，不过要小心，别拉
过头了。

4 几秒钟后，松开手，让狗狗把玩具咬走，作为
对它的奖励。假如狗狗不愿意玩，只要它咬上
玩具就马上放手，然后多表扬它一下。

训练小贴士	训练器材	训练拓展
假如有的狗狗一开始对拔河游戏不感兴趣，那你可以做一个带食物的咬绳玩具——找一根带网眼的长管，里面填上糊状的食物，这样狗狗就会有兴趣了。	咬绳玩具要有一定长度，柔韧耐咬，便于抓握，而且不能太粗，不能太难咬。上面系上绒布、毛皮或者皮革，狗狗就会更加兴奋。这些东西要裁成长条挂在上面（例如呈章鱼形状）。如果狗狗兴趣不大，可以换成能发声的玩具或者食物袋子，这样对它们更有吸引力。	**逻辑测试** *（见24页）* **钓鱼** *（见26页）*

辅助直立行走

让狗狗扶着你的手臂，保持平衡，练习直立行走。

训练技能

增强体能、平衡性和后肢协调性。

训练成果

自由舞蹈赛

你可以在狗狗的日常训练中加入一些舞蹈元素。

运动健身

站立和直立行走能够锻炼狗狗的核心肌群和腿部肌肉。随着年龄的增长，狗狗有可能会出现背部问题，这种锻炼能起到预防作用。

训练方法：

1 把手臂横举到胸前，在这个位置你的手臂力量是最强的。另一只手拿一块零食，诱导狗狗把前爪搭在你的手臂上。要是狗狗这样感觉很好，你还可以用手臂将它的爪子抬高一点。

2 让狗狗保持这种姿势去舔咬你手里的零食（一开始最好多拿一些），从而使这一练习变成一种奖励。

3 片刻之后，你向后退一小步，轻轻拉动狗狗嘴边的零食，这样狗狗就不得不向前够。

4 通过这种方式，很有希望让狗狗向前迈步。看，它已经会走了！

训练小贴士

这项练习需要消耗体能，狗狗可能会比较累。如果它频繁地从你手臂上跳下来，说明它可能已经累了。它只要掌握了技巧，就可以随着你一直走遍整个房间！

训练拓展

滚花生球
（见84页）

坐立
（见114页）

坐立

坐立训练能够锻炼狗狗的平衡能力，
增强其核心肌群的力量。

训练技能

增强体能和平衡性。

训练成果

运动健身

这项练习能锻炼狗狗的核心肌群。
随着年龄的增长，狗狗有可能会
出现背部问题，这种锻炼能起到
预防作用。

如果你是自来卷儿，
大家对你的期望
往往会更高。

训练方法：

1 让狗狗坐好。你站到它身后，脚跟并拢，脚尖分开。手拿一块零食放到它鼻前，吸引它的注意。

2 用零食慢慢引导它向后仰头，并直立身体。

3 用另一只手扶住它的胸部，让它在保持这种姿势的情况下去吃零食。

4 移开一条腿，只让狗狗倚靠在你的一条腿上。用手支撑它的后颈。要想在这种姿势下保持平衡，狗狗需要更加用力才行。

训练小贴士

这项练习对有些狗狗来说很轻松，而对另外一些狗狗（往往是大型犬）来说，却很难寻找平衡。假如狗狗跳起来够零食，那你移动零食的速度就要更慢一点。假如狗狗的后腿立起来了，就把手放低，让它"坐下"。手拿零食的高度应该恰好在狗狗面前。

训练拓展

辅助

直立行走

（见112页）

看手势

我到公园上课，让其他狗狗看看是怎么做的。

狗狗凭直觉就能理解人们的方向性提示，例如指方向。不相信？自己试一下吧！

训练技能

遵守方向性提示。

训练成果

敏捷赛

在比赛过程中，训练员用手势为狗狗指示方向。

野外狩猎赛

训练员用手势为狗狗指示禽类掉落的方向。

服从赛

很多训练项目都靠手势来完成，例如定向跳跃和定向捡拾 (手套练习)。

训练方法：

① 在水桶里放上零食，但不要让狗狗知道。让它坐着别动。

② 指着水桶对狗狗说："去！"让它找到并吃掉零食。重复练习几次，直到狗狗能迅速而直接地走向水桶。

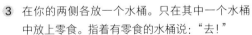

③ 在你的两侧各放一个水桶。只在其中一个水桶中放上零食。指着有零食的水桶说："去！"

④ 假如狗狗朝着错误的桶走去，拦住它，重新再来。不要让它继续朝错误方向走去。要是狗狗走对了，就让它吃掉零食。

训练小贴士	训练器材	训练拓展
狗狗的表现有可能超乎你的想象，让你大吃一惊！如果狗狗坐着的时候老动，可以找朋友帮忙控制它一下。不过这位朋友应尽量少说话、少做动作，以免影响狗狗的判断。	找两个一样的水桶或者箱子，体积要足够大，方便狗狗轻松地把头伸进去，把零食叼出来。	指示方向 （见124页）

目标垫

狗狗练习跑向并踩上特定的标记。

训练技能

遵守方向提示，走向标记位置。

训练成果

演员犬

演员犬要学习的第一项技能就是在舞台上"走向标记位置"。我们可以用很小的目标垫来当标记。

自由舞蹈赛

在这项赛事的训练中，狗狗要学会从训练员身边跑向某个指定位置，练习难度要相对大一些。进行这类训练时，我们会用到目标垫或触摸板。

敏捷赛

触地障碍（例如A形架）的底部会有目标垫，提醒狗狗要在障碍底部停下来。

服从赛

参赛狗狗要接受"外出"训练，即从训练员身边出发，沿直线前进，在这个过程中要用到目标垫。

训练方法：

1　将目标垫固定在一个小板凳上。拿一块零食给狗狗闻一闻，然后慢慢移到板凳上方。只要它迈上板凳，马上说："好！"并给它零食奖励。

2　接下来，把目标垫固定在一个稍小稍短的物体上，例如倒置的狗狗饭盆。对它说："目标！"并诱导它踩上去。一定要在它把爪子放到垫子上的时候给予奖励，等它下来再奖励就晚了。

3　把目标垫固定在一个更短的物体上，例如飞盘。如果狗狗在某个步骤中出现了困惑，就退回到上一步。

4　最后，直接把目标垫固定在地上。到了这一步，你就不需要再诱导它了，直接让它去踩目标垫就行了。

训练小贴士

也许你想跳过几个步骤，直接把目标垫放到地上。不过你会发现逐渐降低目标垫的高度，狗狗会更快获得成功。整个过程会进行得很快，每个步骤只要重复几次就可以了。

训练器材

金属材质的广口瓶盖、地毯小样、饮料杯垫或其他你觉得合适的东西，都可以当目标垫使用。最好用形状扁平或金属材质的东西，因为狗狗不喜欢叼它们。

训练拓展

狗狗
专用门铃
(见 120 页)

狗狗专用门铃

你对狗狗整天抓门的行为感到厌烦吗？教它按电子门铃吧。非常方便的！

训练技能

提高沟通能力，增强协调性，学会准确到达标记位置。

训练成果

家庭训练

狗狗专用门铃可以装在房门两侧，供狗狗进出门口的时候使用。这项技能在它们学习如厕的时候格外有用。

服务犬

服务犬要学习按下电话的紧急呼叫按钮，或者按下电灯开关。

训练方法：

1　用胶带把狗狗专用门铃固定到小板凳上。用一块零食诱导狗狗迈上板凳。它踩上以后，马上说："好！"并给它零食奖励。如果它碰巧踩响了门铃，就给它 3 块零食，并使劲夸奖它！

2　接下来，把门铃固定在一个小一点的物体上，例如倒置的狗狗饭盆。隔着门铃，站到狗狗对面。告诉它："门铃！"并诱导它踩上去。如果它能碰到门铃（即使没响），就给它奖励。

3　把门铃固定在更小的物体上。由于目标很小，只要狗狗踩上去，门铃一般就会响。每响一次，就奖励它一块零食。

4　最后，直接把门铃粘到门上。狗狗有可能会抓门铃，所以一定要粘牢。

训练小贴士	训练器材	训练拓展
狗狗掌握了按门铃的技巧以后，就让它先按门铃，再给它开门，它很快就能明白这其中的意思。	狗狗专用的电子门铃是装电池的，上面有供狗狗使用的按钮，以及一个小型的无线扬声器。这个扬声器可在 12 米的范围内使用。	响铃外出 (见 138 页)

高台

狗狗天生喜欢"高高在上",很快就会爱上坐在高台上的感觉。

训练技能

提高自控能力,学会蹲坐在标记位置。

训练成果

敏捷赛

高台类似于敏捷赛中的"停顿台"障碍。

懂规矩、能自控

高台练习(也叫"定点训练")是让狗狗学会到达并停留在自己的位置上(例如狗窝)。当主人用餐的时候,或者有客人来访的时候,经过定点训练的狗狗能够保持安静,学会自控。这种训练一开始最好在高台上进行,因为像狗窝这样的地方位置比较矮,狗狗总爱爬出来。

搜救赛

搜救犬至少要能跳起 76 厘米的高度,跳到一处高台上。

我有一个会叫的玩具,我可喜欢了。有一回主人说:"够了!"然后就把它放到壁橱里了。

训练方法:

1 拿一块零食引起狗狗的注意，然后慢慢将零食移到高台上方。为了够到食物，狗狗会把前爪放到高台上。当它这样做的时候，就把手里的零食拿给它轻咬。

2 现在，发出口令"上"，把零食拿远一点，狗狗就会爬到高台上去够零食。如果狗狗老是围着高台转，就在它把前爪放上高台的时候，偶尔给它点奖励，否则它就会灰心丧气地走开。

3 等狗狗站上高台以后，发出口令"别动"，只要它一直待在上面，就要给予它零食和表扬。只要它知道自己会时不时地得到好吃的，它就乐意待在高台上，而且时间会越来越长。

4 狗狗要站在高台上，直到你发出口令"下"，它才可以下来。如果它提前下来了，就让它重新站上去（可以先试着不用零食，等必要的时候再用）。

训练小贴士	训练器材
这项训练的关键之处在于，只有狗狗站在高台上的时候才给它奖励，下来的时候不给（即使是你叫它下来的也不例外）。	高台应该放在高处，稳定性好且表面防滑。我们通常可以用来当作高台的东西有：倒置的马用水桶、放在高处的狗窝、塑料狗笼的上半部分、加固的箱子以及敏捷赛里的停顿台。

训练拓展

跳台
(见 16 页)

指示方向
(见 124 页)

指示方向

用手臂向狗狗示意左右。

训练技能

识别方向指示信号。

训练成果

野外狩猎赛

训练员利用手臂信号为狗狗指示方向，引导它寻找击落的禽类。

搜救赛

搜救犬能够按照训练员手臂指示的方向，爬上 23 米远的高台。

敏捷赛

在比赛过程中，训练员用手臂信号为狗狗指示左右方向。

训练方法：

1 首先，教会狗狗爬上高台（见 122 页）。让狗狗坐好，在它两侧各摆放一个平台，比它所在的位置略微靠前（因为狗狗除了往左右两边走以外，还会自然而然地往你的方向走）。

2 有意识地放慢动作。你要先伸出手臂，然后对狗狗说"上"，同时向一个平台屈腿迈步。一定要先伸手臂，然后再迈步并发出口令。

3 狗狗站上平台之后，走过去给它奖励。稍等片刻后，对它说"下"，把狗狗带回中间位置，然后向狗狗发出上另一个平台的指令。

4 等狗狗学会以后，它就能根据你的手臂信号行动，你就不用再做迈步的动作了。如果狗狗走错了，马上喊住它，别让它走到错误的平台上。把它带回中间位置，重新再来。

训练小贴士	训练器材	训练拓展
刚开始的时候，两个平台之间的距离不要太远，然后逐渐把距离拉大。狗狗学会左右行动以后，可以再加两个平台，教它"来"和"去"的技能。	两个平台要一模一样，并且有一定的高度。在衔取训练中，训练员通常会使用高约 20 厘米的木质平台。	**手势信号** *（见 126 页）*

手势信号

有时候我搞不明白，那就照其他伙计的做法来吧。

教狗狗按照手势信号的提示来行动。

训练技能
这项活动向我们提供了一种新的交流方式。

训练成果

演员犬
拍电影的时候，会有固定的驯犬师来指挥狗狗。在拍摄过程中，他们是不能说话的，所以他们会训练动物演员根据无声的手势信号来行动。整个行业的手势信号是有统一标准的，任何一位固定驯犬师都能与任何一只演员犬进行搭档。

服从赛
在某些高级服从赛的训练中，狗狗只能完全依靠手势信号来行动。

训练方法：

坐

卧

1 我们最初教狗狗做动作的时候，会有一些诱导动作，手势信号就从这些动作演变而来。"坐"的手势类似于诱导狗狗抬头的动作。

2 从狗狗已经知道的动作练起。做出手势，停留一秒，然后发出口令。狗狗完成动作后，给予奖励。

定

来

3 狗狗希望尽快得到好吃的。它会明白，你做出手势之后，会接着发出口令。所以，它会学着一看到手势就马上完成动作，这样就能立即获得食物奖励。

4 双手和双臂一定要稳，动作要干净准确。

训练小贴士

狗狗对手势信号是很敏感的。事实上，一旦狗狗理解了手势信号，它就会比语言提示更好用。例如，你发出的口令是"坐"，但给出的手势信号是"卧"，狗狗很有可能会做出趴下的动作。

训练拓展

指示方向
(见124页)

绕桶

狗狗们进行赛跑，途中要完成绕桶动作，这项活动起源于马术比赛。

训练技能

锻炼敏捷性，学习方向提示信号"绕"。

训练成果

绕桶赛

绕桶赛起源于牛仔们的骑马游戏，参赛马匹需要绕三个桶，沿三叶草形路线跑完全程。现在狗狗们也有这项运动了。训练员站在起跑线后面，指挥狗狗绕每只桶完成动作。

放牧

狗狗牧羊时，需要绕着羊群转，把它们紧紧地聚在一起。要想学会这项技能，首先就要练习绕桶。

敏捷赛

在敏捷赛中，"前进"指令是在提示狗狗离开你，去越过障碍。绕桶就是其中一项。

自由舞蹈赛

"转圈"是一个基本的舞蹈动作，狗狗从训练员身边跑开，并围绕某个物体旋转。绕桶就是这方面的训练。

训练方法：

1　为狗狗准备一个桶或者圆锥形的障碍物。放置一个围栏或者小屏障，通向障碍物。用一块零食引导狗狗走过围栏，绕过障碍，然后从围栏另一侧走回来。

2　将围栏缩短一点，使其与障碍物之间留点距离，并重复之前的练习。发出口令"转"，你停下，并且与障碍物保持一定距离，这样狗狗就要靠自己完成最后一步了。

3　将围栏再缩短一点。狗狗绕过障碍物之后，你后退一步，让狗狗多走一段距离来找你。

4　最后，直接把围栏拿走。用手势指挥狗狗，情绪要饱满，发出口令"转"。如果狗狗没有成功，我们可以再放置一段很短的围栏，它马上就能知道自己该怎么做了。

训练小贴士	训练器材	训练拓展
假如狗狗不肯绕障碍物转，而是不停地去抓，可以换桶或者金属垃圾桶试试。	学习这项技能时，不一定非要用真正的桶。任何一个稳固的、高过狗狗头部的物体就可以，例如垃圾桶或者路障。	**双向绕杆** *(见 96 页)*

衔取

衔取游戏趣味十足又锻炼身体，能让你和狗狗玩上几个小时（可能主要还是狗狗爱玩一些）。

训练技能
十分有用的衔取物体技能。

训练成果

飞球赛
飞球属于接力赛，参赛狗狗要沿跑道越过一系列障碍，在赛道尽头衔住一个网球，并将其带回起跑线处。

服从赛
服从赛中有衔取哑铃的项目。

野外狩猎赛
猎犬要接受寻找和捡拾被击落的禽类的训练。比赛时，通常用橡胶道具来代替禽类。

服务犬
衔取物体是服务犬最基本的技能。狗狗要衔取掉在地上或者放在其他房间的东西。

我每天要做的事情好多啊，能不能都做完还真是个问题！

训练方法：

1 用美工刀在网球上切出一个 2.5 厘米长的小口。

2 在狗狗面前，捏住网球，张大网球的裂口，然后把零食塞进去。

3 拍打网球，让弹跳的网球引起狗狗的兴趣。把球扔出去玩一玩，鼓励狗狗去追球。轻拍自己的腿，表现出兴奋的状态，或者从狗狗身边跑开，尝试用这些动作让狗狗把球捡回给你。

4 要是狗狗真的（最终）把球捡回来了，捏开网球，让零食掉出来，并奖励给狗狗。狗狗自己是吃不到里面的零食的，所以它很快就能学会把球捡给你，然后得到好吃的。

训练小贴士	训练器材	训练拓展
狗狗跑开的时候，千万不要去追它。用零食诱导它回来，或者跑远一点，鼓励它来追你。再拿另一个球吸引它的注意。	我们在网球场很容易捡到一些废弃的网球。过度地啃咬网球会磨损牙齿，因此，如果狗狗总爱嚼东西，就换成橡胶球。球不能太小，以防狗狗吞咽；也不能太硬，否则狗狗空中接球的时候容易伤到牙齿。	滚飞盘 （见 104 页） 衔取飞球 （见 132 页）

衔取飞球

我的球……！

这个游戏非常刺激，狗狗要急速跑向飞球箱，按下发射器后接住发射出来的球并带回，整个过程对体能的消耗比较大。

训练技能

锻炼协调性和衔取技能。

训练成果

飞球赛 / 飞球敏捷赛

在飞球比赛（也被称作飞球敏捷赛）中，狗狗要按下飞球箱上的发射器，接住弹射出来的网球，并将其带到终点线的位置。

训练方法：

① 首先，教会狗狗衔取（见 130 页）。把网球朝飞球箱扔过去，让狗狗去"接球"。有些狗狗很喜欢接球，不过大多数狗狗需要食物奖励。

② 接下来，把球按进飞球箱的球洞里。从至少 3 米远的地方开始，充满激情地发出指令"接球"。只要你活力充沛地发出指令，狗狗就有可能使劲跳上箱子，并触动网球的发射器。

③ 如果球没有弹射出来，你就要演示给狗狗看。站到飞球箱旁边，当狗狗碰到箱子时，用你的脚踩压发射板，让球弹射出来。然后，兴奋地表扬狗狗，让它以为是它把球发射出来的。

④ 逐渐增加距离，让狗狗以最快的速度奔跑，触动发射器。

训练小贴士	训练器材	训练拓展
这个游戏的训练技巧在于让狗狗兴奋起来，快速奔跑，从而增加跳上飞球箱的力度，触动球的发射装置。如果狗狗抓挠球洞，就把它带回来重新开始。	飞球箱的表面是倾斜的，里面有弹簧装置，能够发射网球。狗狗用前爪一按，网球就会弹射出来。	**滚飞盘** *（见 104 页）*

碰手

你闻上去有一股鸡肝的味道。

这个游戏简单而有趣，教会狗狗用鼻子去碰你的手。如果狗狗掌握了这项技能，当你需要召唤狗狗过来的时候，就很方便了。

训练技能

学会鼻子触碰目标。

训练成果

自由舞蹈赛

　　在自由舞蹈赛中，追随目标的技能使用频繁，训练员会以手为目标，让狗狗跟着做动作。我们可以用手做目标，教会狗狗转圈，或者在你的双腿之间穿梭行进。

训练方法：

1 把一块零食夹在手指之间，展示给狗狗看。

2 把手放在与狗狗鼻子同高的位置，发出口令："碰！"要是狗狗没有注意到零食，晃晃拿零食的手，用另一只手指指零食。

3 在狗狗鼻子碰到你手的那一刻，说"好！"并且把零食给它。

4 等狗狗掌握了窍门以后，就别用零食了，再练习几次。狗狗碰到你手的时候，说："好！"，从身后拿出零食奖励它。

训练小贴士

狗狗们很喜欢这个游戏，而且很快就能学会！一定要让狗狗过来找你，而不要用手去碰狗狗的鼻子。

训练拓展

指挥棒
（见136页）

指挥棒

用鼻子触碰指挥棒，这是一项通用技能，在很多犬类训练和犬类运动中都会用到。

训练技能

培养追随目标的技能。

训练成果

演员犬

演员犬的固定训练师会用指挥棒引导狗狗行动，或者远距离指挥它。

自由舞蹈赛

追随目标技能在自由舞蹈赛中使用频繁。指挥棒用来教狗狗一些比较复杂的动作，例如在训练员双腿之间穿梭行进。

你看，我天生就会。

训练方法：

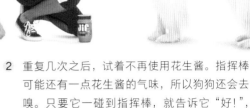

1　在指挥棒顶端抹上一点花生酱。狗狗可能会忍不住去嗅你的手，所以让指挥棒顶端的小球更靠近它一些。当狗狗碰到小球的时候（鼻子或舌头碰到都可以），告诉它："好！"并给它零食奖励。

2　重复几次之后，试着不再使用花生酱。指挥棒可能还有一点花生酱的气味，所以狗狗还会去嗅。只要它一碰到指挥棒，就告诉它"好！"，并给它零食奖励。

3　狗狗学会以后，把指挥棒举到不同的高度，一会儿高一点，一会儿低一点。

4　移动指挥棒远离狗狗，从而引导狗狗追随移动目标。

训练小贴士

狗狗很快就能学会这个游戏，并且非常喜欢。最大的问题往往在于找一根合适的指挥棒，既要让狗狗看得见，又不会让它想去咬。

训练器材

专业的指挥棒是可伸缩的，其顶端有一个塑料或金属小球。有些指挥棒的手柄上还装着响片。假如你自己做的话，不能用狗狗总爱咬的那种球作为顶端的小球（网球是绝对不行的！）。

训练拓展

画笔绘画
(见 146 页)

响铃外出

在门把手上挂一个铃,狗狗想出去的时候就碰响它。叮当,叮当!

训练技能

学会用鼻子触碰目标,并与人交流。

训练成果

家庭训练

狗狗很快就能学会用摇铃的方式表示自己要外出,即使幼犬也不例外。这项技能在如厕训练中有用极了!

训练方法：

1　在铃铛上抹一点花生酱，拿给狗狗看看。当它
　　过去嗅或舔铃铛时，用手指轻轻拨响铃铛。

2　铃铛一响，马上说"好！"，并给它零食奖励。

3　重复几次之后，狗狗可能就把花生酱舔没了，
　　不过不要再抹更多的花生酱了，只需碰碰铃铛，
　　或者指着铃铛，说："叮当。"如果狗狗碰响铃
　　铛，就给它零食奖励。

4　每当你准备带狗狗出门的时候，就让它碰响铃
　　铛，然后马上开门。

训练小贴士	训练器材	训练拓展
刚开始的时候，对狗狗摇铃的反应要灵敏，每次叮当声响起，你都要为它开门。狗狗，甚至是幼犬，很快就能学会这项技能，它们需要出去的时候就会碰响铃铛。	训练用的铃铛不能太小，以免狗狗不小心吞下去。把铃铛挂在门把手上，大约与狗狗鼻子同高。	**推球** *(见 142 页)*

排球

把球抛向空中，狗狗会用它的鼻子
把球回顶给你。

训练技能

增强协调性，学习用鼻子触碰目标。

训练成果

飞盘赛

飞盘赛中，狗狗要跳起来去接空
中的飞盘，这对其口眼协调性有
一定的要求，而这个游戏就能锻
炼这一点。

看我把球打到
天花板上！

训练方法:

1 带狗狗开心地玩毛绒玩具。抛着玩，并捏出声，以引起狗狗的兴趣。不要把玩具扔向狗狗，而要从它身边拿走，让狗狗去追着玩。

2 当狗狗的注意力被吸引过来以后，把玩具抛向它，速度不要太快，让玩具在空中划出一条弧线。狗狗一接住玩具，马上说："好!"并给它零食奖励。

3 狗狗会觉得很好玩，趁着这个时候，把玩具换成一个轻一点的球。把球抛向它，角度高一些，这样球就会垂直落在狗狗鼻子上。

4 由于球比较大，狗狗接不住，球就会弹到它的鼻子上，再弹回你的方向!

训练小贴士	训练器材	训练拓展
这个游戏看上去很复杂，但玩起来容易，只要10分钟，狗狗就能用鼻子顶球了。气球的下落速度会慢一些，所以用气球练习要更容易。	选用轻一点的球，或者气球(要是气球破了，别忘了把碎片收拾干净，否则容易被狗狗吃掉)。普通的排球对狗狗来说太重了。	**指挥棒** *(见136页)*

推球

这个游戏是模仿牧羊设计的，只不过游戏里用的是大球而不是羊！

训练技能

学习用鼻子触碰目标，锻炼狗狗的协调性。

训练成果

推球

在推球运动中，狗狗要把健身球推过场地，到达目标位置。这最早是为牧羊犬设计的，有些牧羊犬接触不到羊群和广阔的田野，就可以参加这项活动。狗狗把大球推进球门，就像牧羊犬把羊群赶进羊圈一样。

放牧

推球在牧场主之间迅速流行起来，人们用这种活动模仿牧羊，在畜牧淡季或室内进行。

训练方法：

1　放置两根横杆或者沙发，与墙平行，形成滚球的轨道。把球放在轨道一头，球下放一块零食。狗狗想要够到零食，就得把球向前顶开。

2　再来一次，这次在球后面的轨道上多放几块零食。狗狗每次向前顶球，就会看到下一块零食。

3　现在不要再在地上放任何零食，而是鼓励狗狗去"推"。当它把球推开，哪怕只有一点点，就说："好！"然后在球下放一块零食。

4　移走轨道。等狗狗推球两次之后，说："好！"然后向球底部的附近位置扔一块零食。

训练小贴士

有些狗狗会非常兴奋，会在练习的时候咬球、使劲撞球。一定要在球底部的附近位置放零食，这样才能鼓励狗狗从下方拨球，而不是咬球。

训练器材

选用大号健身球，直径在 55 ～ 85 厘米。一开始可以用小一点、重一点的球。训练用的轨道横杆可以用木梁或雨槽来制作。

训练拓展

排球

(见 140 页)

肥皂泡

你的狗狗喜欢追肥皂泡吗？试一试，看看你的狗狗是否对它感兴趣！

训练技能

锻炼协调性，以及用鼻子触碰目标的技巧。

训练成果

飞盘赛

锻炼狗狗接飞盘时所需的口眼协调能力。

训练方法

在狗狗情绪愉悦的时候跟它玩这个游戏。向空中吹泡泡（不要朝向狗狗），鼓励它："抓住！抓住！"如果在户外，风一吹，泡泡就会像昆虫一样到处飞，这样就更好玩了。

训练小贴士	训练器材	训练拓展

训练小贴士

有些狗狗会玩得很疯！也有些狗狗对泡泡不感冒。一般来说，善于狩猎小型动物的品种（例如梗类犬）最喜欢这种追逐游戏。

训练器材

孩子们玩的肥皂泡是无毒的，对狗狗也没什么伤害。不过，也有专门为狗狗特制的泡泡，会散发出肉和花生酱的气味。

训练拓展

排球
(见140页)

铺开地毯

在这个有趣的游戏中，狗狗要铺开卷起的地毯，找出藏在里面的零食。

训练技能

锻炼嗅觉、逻辑能力和专注力。

训练成果

追踪赛

　　这个游戏教会狗狗利用嗅觉追踪地面上微弱的气味。只要狗狗坚持不懈，就会获得成功。

训练方法

铺好一块通道地毯，在地毯中间放上一排零食。把地毯卷起来，让几块零食露在一端。再把一块零食塞到卷起的地毯下面。指着零食对狗狗说："在这儿！"狗狗要吃到地毯下面的零食，就会把地毯推开一点点，这样就有可能露出下一块零食。如果它推开的部分太少，没有露出零食，就帮它再推开一点。

训练小贴士

通道地毯比较狭长，很容易卷起来；不过对体型较小的狗狗来说，通道地毯有点重。小块的地毯比较好用，此外，浴垫很轻，比较容易打开。

训练拓展

推球

(见 142 页)

画笔绘画

狗狗界里也有好多毕加索……这一个可是属于你的哟!

我可能有点画出界了。

训练技能

提高触碰目标的准确性。

训练成果

艺术

让你的"毕加索"发挥天赋,用它的原创作品来装饰房间吧!

训练方法：

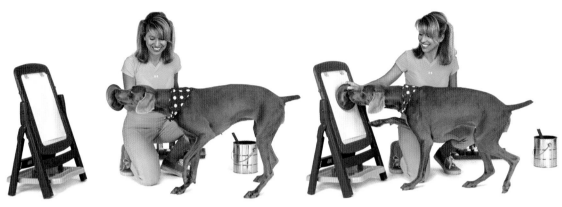

1 首先，教会狗狗碰手（见 134 页）。让狗狗练习用鼻子触碰平面物体，例如油漆罐的盖子。前几次练习的时候，你可能需要拍一拍盖子，甚至在上面抹点花生酱。

2 把盖子固定在画架上，可以用胶带粘，也可以用手扶。发出口令"碰"，并且在狗狗的鼻子碰到后，给它零食奖励。

3 把盖子拿开，用彩色胶带在画布上做个"×"记号。敲敲这个记号，对狗狗说："碰！"

4 如果狗狗喜欢用嘴巴叼东西，或者学过衔取（见 130 页），那就太好了。让它衔住画笔，然后引导它用鼻子触碰画布。由于画笔伸在前面，它最终会把画笔戳进画布。

训练小贴士	训练器材	训练拓展
轻敲画布，提示狗狗来触碰它，尤其是画笔在狗狗嘴里歪了的时候。很多狗狗在碰到画布之后，会马上扔掉画笔，那你就只能在它每画完一笔之后，帮它重新把笔放回去。	使用无毒、可洗的儿童颜料。对狗狗来说，木杆画笔咬起来是最舒服的。	 爪印绘画 （见 156 页）

沙池网球

挖掘深埋的宝藏，多刺激啊！在沙池里藏一个网球，并告诉狗狗怎么把它挖出来。

训练技能

增强独立狩猎能力，锻炼嗅觉。

训练成果

演员犬

"挖掘"是演员犬需要学习的一个标准动作。通过沙池网球游戏，它们很快就能学会。

训练方法：

1 找一个透气的小筒，或者在网球上切开一个 2.5 厘米长的小口，把零食藏进去。让狗狗看到这个过程，并且闻一闻小筒。

2 把小筒埋到沙子里，不能太深，刚刚没入表面以下，甚至可以稍微露出一点。

3 充满激情地向狗狗发出口令，"挖！挖！"如果它犹豫不决，把小筒拿出来，给它闻一闻，然后再埋进去。

4 等它挖出来以后，打开小筒，并在它发现小筒的位置附近把零食给它（让狗狗觉得，是它把零食挖出来的，它会玩得更兴奋）。

训练小贴士	训练器材	训练拓展
如果狗狗一直在嗅，而不去挖，你可以用手盖住小筒片刻，然后亲自用另一只手挖一下，让它具备挖掘的意识。	园艺用品店销售的橡胶颗粒干净卫生，可用来代替土或沙子。找一个装婴儿食品的罐子，在盖子上打一些透气孔，就能当小筒使用了。	毯下寻宝 *（见 23 页）* 　擦脚 *（见 150 页）*

擦脚

有时候我会忘记进门擦脚，不过我会在地毯上擦干净的。

如果外面的路面很泥泞，那么教会狗狗在门垫上擦脚，一定会让你觉得很称心！

训练技能

学习用爪子扒或刨。

训练成果

家庭训练

让狗狗进屋之前先在门垫上把爪子擦干净。

训练方法：

1 当着狗狗的面，在地上放一块零食（坚硬的狗狗饼干最好不过了）。用门垫把零食盖住，让零食位于门垫一角的位置。

2 压住门垫边缘，因为狗狗可能会把鼻子伸到下面。鼓励狗狗："找到它！找到它！"如果它失去了兴趣，那就快速掀起门垫一角，让它看到零食，然后再把门垫放下。

3 等它觉得烦躁时，就会挠抓门垫——做好应对准备！只要它一挠，马上说："好！"并掀起门垫，让它吃掉食物。

4 如果它掌握了技巧，就等它挠 2～3 下以后再奖励它。这时，你就不用再往门垫下放零食了，而是把零食扔在它挠的位置上（如果零食是它"挖出来"的，而不是从你手里得来的，狗狗会觉得更有意思）。

训练小贴士	训练器材	训练拓展

狗狗们会爱上这个游戏，爱上"挖掘"好吃的。一开始，它们通常会不停地在门垫上嗅来嗅去，然后会去试探性地挠一下——千万别错过哦！哪怕狗狗只是轻轻地挠了一下，也要奖励它。用不了多久，它就会像那些优秀的狗狗一样在门垫上擦脚啦！

狗狗会使劲地在垫子上抓（而不是轻轻地擦脚），所以选择厚重结实一点的垫子，既不会被抓破，也不会被攒成一团。

挠抓板
(见 152 页)

刮画艺术
(见 154 页)

挠抓板

如果狗狗不喜欢修剪指甲，就教它自己到砂纸板上把指甲锉得圆滑一些吧。

训练技能

学习挠抓。

训练成果

修剪指甲

很多狗狗不喜欢别人碰它的爪子，也不喜欢修剪指甲。在这个游戏里，狗狗会通过挠抓粗糙的表面来打磨自己的指甲。有些狗狗（特别是㹴犬）超爱这个游戏，它们主人甚至得把挠抓板藏起来。

我不喜欢剪指甲，所以我经常使劲乱踢，或者干脆逃跑。

训练方法：

1　首先教会狗狗擦脚（见 150 页）。然后把挠抓板放到地上，再把门垫铺到挠抓板上，让狗狗来擦脚。狗狗照做了，就给它零食奖励。

2　把挠抓板和门垫的一头掀起来一点。你坐到较高的一端，让狗狗再来抓一次。奖励它的时候，要把零食放在门垫最高的位置，因为狗狗只会关注零食出现的地方。

3　把门垫从顶端往后拉一拉，并把挠抓板的角度再抬高一点。狗狗还是会去抓门垫，不过它的爪子有时会划到挠抓板上。

4　继续拉门垫，直到挠抓板完全暴露出来。对狗狗说："抓！抓！"并且不时地敲敲板子提醒它注意。每隔一段时间，在板子顶端给它一点奖励。

训练小贴士	训练器材	训练拓展
有些狗狗发觉这个游戏对它是有好处的，没有奖励也愿意玩。假如你的狗狗特别爱抓的话，你出门的时候或许需要把挠抓板藏起来。	用订书机或胶水把砂纸固定在结实的木板上，挠抓板就做成了。	**刮画艺术** （见 154 页）

刮画艺术

利用刮画纸把狗狗的挠抓技能转化
为绘画作品。

训练技能

锻炼挠抓技能。

训练成果

艺术

让狗狗专门为你创作一幅大作，
成为房间里的原创装饰品！

训练方法

教会狗狗擦脚（见150页）。先让它
在门垫上抓几下热热身，然后把刮
画纸（夹到板夹上）铺到它抓过的地
方，让它再做一次。瞧！伟大的作
品诞生啦！

如果你有好吃的，
我会带给你更多的
艺术作品。

训练小贴士	训练器材	训练拓展

训练小贴士

狗狗可能总爱去抓纸的边缘，把纸
抓破。所以最好用胶带把边缘处粘
在夹板上。

训练器材

刮画纸是一种彩纸，其表面覆有第二种颜色。表面的颜色
被刮掉以后，底下的颜色就露出来了。利用复写纸，也可
以达到类似的效果（例如碳式复写纸）。由于复写纸比较
薄，可以覆上塑料膜，以起到保护作用。

训练拓展

沙池网球
（见148页）

左右测试

我这只手最灵活了。

狗狗可以随意使用左爪或右爪（就像人一样）。你知道你的狗狗最喜欢用哪只爪子吗？

1 给狗狗一个金字塔形或立方体形的漏食玩具，让它只能用爪子抓，没法用鼻子碰。哪只爪子是它最常用的呢？

2 在狗狗头部或口鼻部的中间位置贴上一段胶带。它会用哪只爪子蹭掉胶带呢？

3 给狗狗一根骨头或填充花生酱的玩具。它会用哪只爪子来抓住它们呢？

4 在家具底下放一块零食或玩具。它会用哪只爪子来够呢？

训练小贴士

与人类一样，狗狗也会用两只爪子……不过其中一只要比另一只用得更多一些。观察一段时间，你是否能发现它习惯用哪一边。了解了狗狗的偏好，在玩大声关门（见 12 页）和爪印绘画（见 156 页）游戏的时候，你就可以做适当的训练调整。

训练拓展

爪印绘画
（见 156 页）

爪印绘画

帮助狗狗用爪子在帆布上作画，创作出一幅艺术品。这太可爱了！

训练技能

锻炼挠抓技能。

嘶啦！又撕了一张。

训练方法：

1　第一步，让狗狗把爪子伸给你。如果它懂得"握手"，就向它发出这个指令。如果它不懂，就在手里放一块零食，握拳，放到地上，狗狗爪子踩上去的时候，把手打开。

2　接下来，让狗狗"握手"，在狗狗爪子搭上来的最后一刻，把手收回，狗狗的爪子就会抓空，甚至会抓到画板上。此时，要给它零食奖励。

3　在盘子里倒上一些颜料，抬起狗狗的爪子，并把颜料按到爪子上面（注意不是把它的爪子按到颜料里）。

4　站到画板后面，伸出手，让狗狗来握手。再像上次那样把手抽回，狗狗的爪子就会抓到纸上。它每做一次，都给它奖励。

训练小贴士	训练器材	训练拓展
让狗狗在室外或卫生间里作画。狗狗画完一种颜色以后，晾一分钟，等爪子干了以后再蘸另一种颜色（否则各种颜色会糊成一团）。把画板架在你眼卜会更方便。	使用无毒、可洗的儿童颜料。	**画笔绘画** （见146页）

索引 A　狗狗游戏

致谢

感谢海迪·霍恩（Heidi Horn，制作助理、职业遛狗人、协调员、爱犬人士）、凯莉·霍恩（Kylie Horn，儿童模特），克莱尔·多尔（Claire Doré，职业遛狗人），以及我的威玛宝贝查尔茜（Chalcy）和贾迪（Jadie）。感谢所有参与拍照的狗狗，你们既漂亮又出色：思齐普（Skippy，杰克罗素狸）、艾丽斯（Iris，梗类混血）、欧文（Owen，金毛猎犬）、洛拉（Lola，长毛吉娃娃）、洛齐（Laci，达尔马提亚犬）、杜克（Duke，维系拉猎犬）、西泽（Caesar，标准贵宾犬）、艾略特（Elliott，澳大利亚牧羊犬）、达科塔（Dakota，拉布拉多犬）、查利（Charlie，阿富汗猎犬）、杰克逊（Jackson，黄色牧羊犬混血）、奎恩（Kwin）和吉普（Jeep，阿拉斯加雪橇犬）、莱西（Lassie，苏格兰牧羊犬）、弗拉什（Flash）和托齐（Torch，麦克纳布犬）、菲奥娜（Fiona，爱尔兰猎狼犬）、德罗韦（Drover，布列塔尼猎犬）以及康纳（Conner，骑士查理王小猎犬）。感谢 FitPAWS 提供的犬类平衡球。

摄影

来自 Slickforce 工作室（www.slickforce.com）的克里斯琴·阿里亚斯（Christian Arias）。

思念

本书出版之前，其中一只非常特殊的狗狗已经去世。它是一只性格外向的雌性阿拉斯加雪橇犬，名叫"吉普"（见 33 页），它在服从赛和狗拉雪橇比赛方面很有前途。它喜欢在户外嬉闹，喜欢追逐遥控车。吉普患有癫痫，发作频繁，病情无法被控制。有了狗狗的陪伴，我们倍感温暖；当狗狗离我们而去时，我们痛苦不堪。但是狗狗将永远活在我们心中，占据着我们为它所保留的一份空间。

作者简介

凯拉·桑德斯是一位享誉世界的犬类特技秀表演者，拥有全国排名的竞技犬驯犬师，国际知名畅销书作家。凯拉和她训练有素的威玛犬，组成了桑德斯狗狗表演组合，曾经在众多舞台上展露风采，其中包括在马拉喀什为摩洛哥国王进行的表演、好莱坞的迪士尼《超能狗》（Underdog）舞台秀、电视连续剧《狗爸狗妈真人秀》（Showdog Moms and Dads），以及其他国际马戏团和体育赛事的中场表演等。另外，他们还参加过《今夜秀》（The Tonight Show）、《艾伦秀》（Ellen）、《今夜娱乐》（Entertainment Tonight）、《全球菲多奖》（Worldwide Fido Awards）和《动物星球》（Animal Planet）等。

凯拉还是演员犬固定训练师，曾为多部电视和电影服务，其中包括《比佛利拜金狗2》（Beverly Hills Chihuahua 2）。她曾带狗狗参加各种犬类竞技比赛，并在全国名列前茅。凯拉拥有多部驯犬著作和 DVD，广受读者欢迎，其中包括全球畅销书《训练狗狗，一本就够了》（101 Dog Tricks）和获奖 DVD 系列剧《狗狗最佳技能训练》（Best of Dog Tricks）。凯拉在驯犬时着重强调人宠关系。她以亲切温和的态度对待狗狗，对它们进行全面彻底的训练，激励它们不断进步，出类拔萃。采用她的方法进行训练，你的狗狗会变得自信、愉悦，它们乐于完成正确的指令，而不是畏惧做出错误的动作。她教会我们如何与爱犬进行愉快的沟通，让狗狗在热情和自控之间寻找平衡。

凯拉毕业于加州大学洛杉矶分校，曾是马拉松运动员，担任过前地中海俱乐部的帆板教练。她的丈夫名叫兰迪·巴尼斯（Randy Banis），夫妇俩驯养了威玛犬，并且在加利福尼亚州的莫哈维沙漠经营农场。